本书系辽宁省教育厅2023年度高校基本科研项目
“马克思恩格斯自然观与先秦道家自然观的契合性研究”（JYTMS20231577）研究成果

本书系2020年度中国建设教育协会教育教学科研课题
“高校校园景观文化对大学生思想政治教育的作用及实现路径探究”（2020068）的研究成果

本书系沈阳建筑大学马克思主义学院中央财政支持地方高校改革发展资金建设项目资助成果

高校校园景观文化的思想政治教育功能及实现路径研究

阚迪　邓杨——著

九州出版社
JIUZHOUPRESS

图书在版编目（CIP）数据

高校校园景观文化的思想政治教育功能及实现路径研究 / 阚迪，邓杨著. -- 北京 ：九州出版社，2023.11
ISBN 978-7-5225-2494-8

Ⅰ. ①高… Ⅱ. ①阚… ②邓… Ⅲ. ①高等学校－校园规划－景观设计－研究②高等学校－思想政治教育－研究－中国 Ⅳ. ①TU244.3②G641

中国国家版本馆CIP数据核字(2023)第213038号

高校校园景观文化的思想政治教育功能及实现路径研究

作　　者　阚　迪　邓　杨　著
责任编辑　赵晓彤
出版发行　九州出版社
地　　址　北京市西城区阜外大街甲 35 号（100037）
发行电话　(010)68992190/3/5/6
网　　址　www.jiuzhoupress.com
印　　刷　永清县晔盛亚胶印有限公司
开　　本　880 毫米 ×1230 毫米　32 开
印　　张　6.125
字　　数　152 千字
版　　次　2024 年 2 月第 1 版
印　　次　2024 年 2 月第 1 次印刷
书　　号　ISBN 978-7-5225-2494-8
定　　价　58.00 元

★版权所有　侵权必究★

前　言

党的十八大以来，党和国家把建设社会主义文化强国提升至战略高度，着力发展社会主义先进文化。高校校园景观文化是社会主义先进文化的有机组成部分，是高校构建思想政治教育体系的重要文化要素。将校园景观文化与高校思想政治教育工作相结合，充分实现高校校园景观文化的思想政治教育功能，是高校提升思想政治教育工作质量的必然要求，也是培育大学生成为担当民族复兴大任的时代新人进而实现高校思想政治教育根本目的重要手段。因此，以高校校园景观文化为依托，系统研究其思想政治教育功能的实现路径，对推进思想政治教育工作的实效性具有现实意义。

本书主要分为五个部分：

第一部分，高校校园景观文化思想政治教育功能的相关理论。首先，对高校校园文化和高校校园景观文化的内涵、构成、特征进行论述；其次，对思想政治教育功能的内涵、特点、分类，高校校园景观文化与思想政治教育的关系以及高校校园景观文化的思想政治教育功能实现路径进行探析，为本书的进一步研究奠定重要理论基础。

第二部分，高校校园景观文化思想政治教育功能的基本问题。本部分主要以高校校园景观文化为研究对象，系统论述高校校园景观文化的内涵和特征、高校校园景观文化与思想政治教育两者之间的关系以及思想政治教育功能的具体内容，为高校校园景观文化的思想政治教育功能实现路径的提出提供重要理论依据。

第三部分，高校校园景观文化思想政治教育功能的实现现状。本部分系统阐述高校校园景观文化在思想政治教育功能实现过程中取得的主要成绩、存在的突出问题，并针对问题进行相应的原因分析。

第四部分，充分研究高校校园景观文化思想政治教育功能的实现路径。该部分为全书重点，主要在遵循思想政治教育基本原则的前提下，从重视校园景观文化建设的顶层设计、丰富校园景观文化的育人载体、拓展校园景观文化的育人方法、优化校园景观文化育人的内外部环境四个维度进行具体的路径研究。

第五部分，基于校园景观文化的思想政治理论课实践教学改革。此部分详细介绍以校园景观文化为载体开展思想政治理论课实践教学的优势，包括拓展思想政治理论课实践教学平台、丰富思想政治理论课实践教学形式、增强思想政治理论课实践教学效果；并提出以校园景观文化为载体构建“思想道德与法治”课的实践教学模式，包括实践教学内容设计、实践教学组织方法和实践教学具体实施。

本书通过对高校校园景观文化及其思想政治教育功能的研究，丰富高校校园文化的理论基础，对高校校园景观文化思想政治教育功能的实现路径进行全新的思考，也为进一步推进高校校园景观文化的建设和发展提供思路和借鉴。

目　录

1 绪 论

1.1 研究背景和意义

1.1.1 研究背景

党的十八大以来，以习近平同志为核心的党中央高度重视高校思想政治教育工作，并提出要充分发挥校园文化在高校思想政治教育中的功能和作用，大力倡导以文化人以文育人。习近平同志在全国高校思想政治工作会议上强调："要把思想政治工作贯穿教育教学全过程，实现全程育人、全方位育人，努力开创我国高等教育事业发展新局面。要更加注重以文化人以文育人，广泛开展文明校园创建，开展形式多样、健康向上、格调高雅的校园文化活动，增强思想政治教育工作的时代感及吸引力。"① 中共教育部党组印发的《高校思想政治工作质量提升工程实施纲要》强调："要深入推进文化育人。建设美丽校园，推动实现校园山、水、园、林、路、馆建设达

① 习近平 . 全国高校思想政治工作会议上的重要讲话 [R].2016-12-08.

到使用、审美、教育功能的和谐统一。”[①] 同时，教育部等八部门出台的《关于加快构建高校思想政治工作体系的意见》也明确指出，“要繁荣校园文化”，“发挥校园建筑景观、文物和校史校训校歌的文化价值”[②]。

高校校园景观文化作为高校校园文化的重要组成部分，也是高校开展思想政治教育工作的重要载体，是高校实现铸魂育人、落实立德树人根本任务的重要要素。目前，随着高校美丽校园建设的不断推进和发展，可以深刻体会到校园景观文化蕴含着丰富的思想政治教育元素和资源，把校园景观文化的思想政治教育元素和资源运用到思想政治教育中可以产生重要的作用。因此，深入挖掘高校校园景观文化所蕴含的丰富的思想政治教育元素和资源，充分调动校园景观文化所承载的思想政治教育功能，精心设计校园景观文化思想政治教育功能的实现路径，有助于提高高校思想政治教育工作的亲和力和感染力，也可以进一步调动学生学习的积极性、主动性和创造性。

正是基于这样的时代背景和现实需求，本书以高校校园景观文化的思想政治教育功能及实现路径作为研究主体，对高校校园景观文化的内涵和特征、高校校园景观文化与思想政治教育的关系、高校校园景观文化的思想政治教育功能的主要内容及其实现路径等问题展开论述。

---

① 中共教育部党组，关于印发《高校思想政治工作质量提升工程实施纲要》的通知 [EB/OL].(2017-12-05)[2018-05-03].http://www.moe.edu.cn/srcsite/A12/s7060/201712/t20171206_320698.html.

② 教育部等八部门，关于加快构建高校思想政治工作体系的意见 [EB/OL].(2020-04-22)[2020-05-15].https://www.gov.cn/zhengce/zhengceku/2020-05/15/content_5511831.htm.

1.1.2 研究意义

深入研究高校校园景观文化的思想政治教育功能及实现路径，既是高校实现立德树人根本任务的重要途径，也是学生成长成才的内在要求，具有重要的理论意义和实践意义。

（1）理论意义

第一，有利于进一步丰富和发展高校校园景观文化理论。高校校园景观文化作为高校校园文化的全新文化形式，是高校打造特色校园文化的重要文化资源。本书在理论研究和调查实践研究的基础上以高校校园景观文化作为研究对象，对高校校园景观文化的基本内涵、主要特征、高校校园景观文化与思想政治教育的关系、高校校园景观文化的思想政治教育功能等问题进行全面研究，将深化对高校校园景观文化及其思想政治教育功能的认知，为实现校园景观文化的思想政治教育功能提供理论基石，从而进一步丰富和发展高校校园景观文化的理论研究。

第二，有利于进一步探索高校校园景观文化实现其思想政治教育功能的内在规律。高校校园景观文化是高校实现立德树人根本任务的重要教育要素，本书将高校校园景观文化与思想政治教育相结合，并从思想政治教育环境、思想政治教育载体和思想政治教育功能三个维度分析总结高校校园景观文化如何在高校思想政治教育工作中更好地实现其思想政治教育功能，对拓宽思想政治教育功能的研究视角、探寻高校校园景观文化实现其思想政治教育功能的内在规律、进一步推进以文化人以文育人，具有重要的理论价值。

（2）实践意义

第一，有助于进一步推动高校思想政治教育的创新发展。本书围绕高校校园景观文化的相关理论，深入挖掘高校校园景观文化的思想政治教育功能，有助于高校整合育人资源，找寻以文化人和以文育人理论与高校思想政治教育实际的契合点，构建校园景观文化思想政治教育功能的实现路径，同时也有助于把目前一些高校在这方面所取得的经验和成就加以推广，从而为推动高校思想政治教育的创新发展和不断探索提供借鉴。

第二，有助于进一步提升高校思想政治教育工作的实效性和亲和力。习近平同志在全国高校思想政治工作会议上指出："提升思想政治教育亲和力和针对性，满足学生成长发展需求和期待。"[①] 充分发挥高校校园景观文化的思想政治教育功能，构建起以学生为主体、以学生成长和需求为导向、以校园景观文化为载体的寓教于景的思想政治教育理念，进一步优化思想政治教育环境，使学生无时无刻不浸润在思想政治教育氛围中，在不知不觉中接受教育并内化于心外化于行，从而进一步提高高校思想政治教育的亲和力和实效性。

1.2　国内外相关问题研究现状

1.2.1　国内研究现状

1986年，学者沈辉发表的《校园文化的特征、功能与建设》拉开了我国校园文化研究的序幕。此后，学者们围绕高校校园文化相关理论展开系统研究。不论是从高校校园文化基础理论的研究层面，还是从高校校园文化建设的实践研究层面，都取得了丰硕成果，也为本书研究提供了重要的理论依据和现实材料。下面，将从高校校园文化的相关理论、高校校园景观文化的相关理论、高校校园景观文化的思想政治教育功能的相关理论进行系统梳理。

① 习近平．全国高校思想政治工作会议上的讲话 [R].2016-12-08.

（1）关于高校校园文化理论的相关研究

第一，关于校园文化内涵的研究。国内专家和学者对于校园文化内涵的界定众说纷纭，主要形成以下几种不同的观点：文化形式说：校园文化作为文化存在方式的一种，它是学校物质、制度和精神文化之和[①]。意识形态说：校园文化是学生这一特殊社会群体，在学校这一特殊环境下所营造出来的社会文化，它是学校各种意识形态之和。[②] 课外活动说：校园文化是把校园作为一个空间，教师学生作为主体，强调课外活动的开展，同时以文化的多学科、多领域的广泛沟通和独特的生活节奏为基本形态，是富有时代特点的一种文化形式。[③] 文化氛围说：校园文化是指校园内富有学生特点的精神环境与文化氛围，是在整个教育管理过程中，逐步形成的具体的文化氛围。[④] 物质精神总和说：校园文化就是学校作为一个群体所具有的一切存在方式的总和，它既包括物质文化也包括精神文化。[⑤]

第二，关于高校校园文化内涵的研究。目前，因校园文化表现形式复杂，故学术界从各角度对高校校园文化进行阐释。目前，有代表性的观点将高校校园文化大体分为广义和狭义两种，学者潘懋元对广义的高校校园文化的理解为："校园文化是学校生活的存在方式的总和，它以生活在校园内的教师、大学生和干部为主要群体，它是在物质财富、精神产品和氛围以及活动方式上具有一定独特性的文化类型。"[⑥] 广义的高校校园文化的概念涵盖范围较广，更加全面地涵盖了高校校园文化内涵，包括校园文化主体、氛围、精神产

① 周伟明等．校园文化概论 [M]．海口．海南出版社，1992:42.
② 苏国红．校园文化二十年历程反思 [J]．青年研究，1999(05):11-15.
③ 高长梅等．仙缘文化建设全书 [M]．北京：经济日报出版社，1999:11.
④ 王邦虎．校园文化论 [M]．北京：人民教育出版社，2000:7.
⑤ 陈奎彦．关于校园文化的思考 [J]．教育研究，1992(02):21-26.
⑥ 潘懋元．新编高等教育学 [M]．北京：北京师范大学出版社，1996:590.

品和内涵、物质环境等诸多要素；狭义的高校校园文化内涵更侧重于精神层面的文化。学者赵中建认为："高校校园文化是一所学校在长期的教育教学、科研与管理过程中所形成的，为全体教职员工所认同的作风、传统、观念、价值追求、行为准则、交往方式及生活习惯的综合体"。[①]

第三，关于高校校园文化构成的研究。高校校园文化是一个结构复杂、内部各要素相互作用的有机整体，学者们从不同视角、不同标准对高校校园文化的构成进行划分。目前，被广泛采用的是按校园文化存在的实际形态划分为"二要素说""三要素说""四要素说""多要素说"。二要素说指出："将高校校园文化分为物质文化和精神文化。"[②]三要素说指出："将高校校园文化分为环境文化、精神文化、制度文化。"[③]四要素说指出："将高校校园文化分为精神文化、制度文化、行为文化、物质文化四个层面。"[④]多要素说根据时代的发展变化在此基础上增加了媒体文化。本书认为，高校校园文化是以精神文化为核心，主要包括了价值观念、理想信念、思想意识等；以物质文化为基础，主要包括校园基础设施、校园文化景观设施、标识性文化建筑等外在物质形态；以制度文化和行为文化为表现，包括一些规章制度、校训、校园内人们的日常行为规范、各种娱乐性和学术性活动等，四种文化要素分别展现各自不同的文化形态以表达校园精神文化内核，相互作用形成独具特色的高校校园文化体系。

---

① 赵中建 . 学校文化 [M]. 上海 : 华东师范大学出版社 ,2004:115.

② 王民 , 张瑞金 . 高校校园文化对大学生素质的影响 [J]. 思想政治教育研究 ,1997(04):8.

③ 睦依凡 . 关于大学文化建设的理性思考 [J]. 清华大学教育研究 ,2004(2):13.

④ 寿韬 . 高校校园文化的层次结构及特征初探 [J]. 华东师范大学学报（哲学与社会科学版）,2003(9):58-59.

第四、关于高校校园文化特征的研究。高校校园文化是一种独特的文化，从社会文化中衍生而来，并从属于社会文化，但又区别于社会文化。为了能更准确地将校园文化与其他文化进行区分，学者们对高校校园文化的特征进行论述。学者葛金国、石中英认为："高校校园文化具备社会文化的一般属性，包括阶级性、继承性，同时也具备区别于其他文化的独特属性，正是这种独特属性构成了高校校园文化的基本特征，包括教育性、示范性、批判性、独立性、可塑性、突变性、时代性。"① 学者孙庆珠将社会文化和高校校园文化特征进行融合，表现两者"你中有我，我中有你"的关系，并认为："高校校园文化具有科学精神与人文精神的统一、理想主义与现实主义的统一、民族文化与世界文化的统一、书卷气息与大众习俗的统一的特征。"②

上述学者分别从各自角度对高校校园文化进行阐述，从开阔的视角揭示了高校校园文化的内涵和本质特征，为本书探讨高校校园景观文化的内涵及特征提供了宝贵的研究基础，具有十分重要的借鉴意义。

（2）关于高校校园景观文化理论的相关研究

第一，关于高校校园景观文化内涵的研究。高校校园景观文化是高校实现文化育人的重要教育资源，对高校校园景观文化内涵的界定是开展相关研究的基础和前提。目前，对高校校园景观文化内涵的研究经历了从广义的大学物质文化逐步细分至校园景观文化的过程。学者王冀生认为："现代大学的物质文化，是现代大学文化的物质形态，它既是现代大学精神文化的物质基础，也是现代大学综

① 葛金国，石中英．论校园文化的内涵、特征和功能 [J]. 高等教育研究，1990(41):61-62.

② 孙庆珠．高校校园文化概论 [M]. 济南：山东大学出版社，2008:22.

合实力的一个重要标志。”[①] 该观点从现代意义上对高校校园物质文化进行解读，为后续的研究提供了良好的开端和思路。学者郭必裕认为：“大学物质文化是指由大学教育教学物质条件构成、能被人们感觉到的客观存在的实体文化或物质态的文化，是大学文化的物质基础和外部表现形态，其存在形式为校园环境、建筑布局、人文景观、学科专业、师资队伍、教学设施和手段等有形事物，随着其历经风雨大学物质文化内涵会更为丰富,外延会更广。”[②] 该观点详细阐述了大学物质文化的内涵，并在前人研究基础上拓展了物质形态文化内容，明确将校园中自然景观、人文景观以及有形的教学事物作为大学物质文化的外在表现。但是学者们对大学物质文化的研究依然是基于文化领域的探讨，并没有结合理论学科进行探究，也没有在内涵中明确高校校园景观文化的教育功能和价值。随着高校思想政治教育工作理论的深入研究，学者们结合思想政治教育理论相关内容，将高校校园景观文化作为高校思想政治教育载体和隐性教育环境展开研究。学者王邦虎认为：“校园景观文化是校园文化的一部分，是以高校校园景观物质环境为载体，将高校校园文化具体化的文化形态。”[③] 学者初汉增对景观文化的教育功能予以肯定，同时，对景观文化的形成和育人机制进行阐述，认为：“人通过将思想融入到自然环境之中逐步形成景观文化，景观文化通过潜移默化的教育方式使受教育者不知不觉地受到影响的教育过程来达到教育目的。”[④]

第二，关于高校校园景观文化构成的研究。学界对高校校园景观文化构成的研究是逐步完善的。学者王冀生认为大学物质文化主

① 王冀生 . 现代大学的物质文化建设 [J]. 高教探索 ,2001(2):4.

② 郭必裕 . 大学物质文化的解读与重构 [J]. 黑龙江高教研究 ,2007 (11):1.

③ 王邦虎 . 校园文化论 [M]. 北京 : 人民教育出版社 ,2001:65.

④ 初汉增 . 基于隐性教育功能的校园环境建设机制研究 [D]. 宁波 : 宁波大学 ,2015.

要包括："一批高水平的、结构合理的课程和学科，一支具有人格魅力、学术造诣深、善于治学育人的教师队伍，一个现代化的图书馆、实验室和校园网以及一种良好、宽松的校园文化环境。"① 虽未明确提出景观文化的概念，但是为高校校园景观文化的构成提供了重要思路。学者孙庆珠将校园景观文化概括为六个方面："种植文化、水文化、石文化、雕塑艺术、纪念景观、图片。"② 通过景观的概念衍生出对高校校园景观文化的构成界定，对本书的研究具有一定的启示意义。学者冯刚与柯文进认为："学校物质文化分为物态环境文化和自然环境文化，物态环境文化包括图书馆、宿舍、食堂、教学设施、文体娱乐设施等；自然环境文化包括自然景观和人文景观。"③ 上述研究成果虽未明确提出高校校园景观文化的构成，但从总体来看，已初步将高校校园景观文化的构成进行分类说明。

第三，关于高校校园景观文化特征的研究。学界虽未明确对高校校园景观文化特征进行论述，但随着高校思想政治教育载体相关理论的深入研究，可以通过思想政治教育文化载体特征的视角来进行研究。学者陈万柏、张耀灿认为："思想政治教育文化载体具有三种特征，即形式多样性、对人的影响全面性、影响方式的渗透性。"④ 或是从思想政治教育物质载体视角进行理解，学者朱景林认为："思想教育物质载体蕴含的思想教育信息是通过物化的方式来承载，具有承载的物化性。"⑤

第四，关于高校校园景观文化与思想政治教育关系的相关研究。

① 王冀生 . 现代大学的物质文化建设 [J]. 高教探索 ,2001(2):5.

② 孙庆珠 . 高校校园文化概论 [M]. 济南 : 山东大学出版社 ,2008:120-126.

③ 冯刚 , 柯文进 . 高校校园文化研究 [M]. 北京 : 中国书籍出版社 ,2011:100-108.

④ 张耀灿 , 陈万柏 . 思想政治教育学原理 [M]. 北京 : 高等教育出版社 ,2015:253-254.

⑤ 朱景林 . 思想政治教育物质载体承载育人研究 [J]. 中国青年研究 ,2016（1）:102.

现有研究主要集中在高校物质文化与思想政治教育的关系方面，学者们主要从思想政治教育载体角度进行切入，认为两者相互渗透、相互影响，具体表现为："高校物质文化是思想政治教育的重要载体，思想政治教育对高校物质文化有着积极影响。"[①] 学者徐晓宁指出："将高校校园文化和思想政治教育作为彼此独立的个体，都具有丰富的内涵，强调二者的对等性，并从顶层设计、实施主体、教育内容、方式方法等四个方面论述二者关系。"[②] 以上研究为本书理解高校校园景观文化和思想政治教育关系提供了一定思路和借鉴。

从总体来看，学者们都从各自研究角度对高校校园景观文化的内涵、构成、特征以及与思想政治教育的关系几个方面进行探讨并取得丰硕的研究成果，为本书的研究提供了一定思想借鉴和理论基础。

（3）关于思想政治教育功能的相关研究

第一，思想政治教育功能内涵的研究。功能一词在物理学中被广泛应用，二十世纪八十年代后期，随着思想政治教育学科的发展，功能一词被引入至思想政治教育学科中，学者们开始对思想政治教育功能内涵进行相关理论的研究。学者陈万柏、张耀灿认为："思想政治教育功能是指思想政治教育对其教育对象乃至整个社会所发生的积极独特的作用。"[③] 学者郑永廷认为："思想政治教育功能是思想政治教育内部各要素之间通过相互作用对受教育者所发挥的有利作用和功用，体现了思想政治教育满足受教育者需要的有用属性。"[④]

---

① 周欢欢 . 思想政治教育视域下高校物质文化建设研究 [D]. 天津 : 天津工业大学 ,2017:20-22.

② 徐晓宁 . 高校思想政治教育与校园文化建设互动模式探析 [J]. 思想理论教育导刊 ,2019(6):146.

③ 陈万柏 , 张耀灿 . 思想政治教育学原理 [M]. 北京 : 高等教育出版社 ,2015:57.

④ 郑永廷 . 思想政治教育学原理 [M]. 北京 : 高等教育出版社 ,2016:142.

并从系统论视角阐述了实现思想政治教育功能过程中的各要素，如教育主体、客体、介体、环境之间相互作用，最终衍生思想政治教育的各个功能。上述观点对思想政治教育功能的形成机制进行说明，并将思想政治教育功能影响范围延伸至社会。因此，随着高校职能的向外拓展，也会进一步衍生出更多的思想政治教育具体功能。

第二，思想政治教育功能特点的研究。学者陈万柏、张耀灿认为："思想政治教育的特殊性，决定了其功能具有客观性、多面性和发展性。"① 还有学者将思想政治教育功能特点与德育功能特点等同。本书认为，思想政治教育功能特点相较德育功能特点范围更广、拓展内容更宽，并随着思想政治教育内涵的增加而变化。因此，两者不能等同视之，应区分对待。

第三，思想政治教育功能的分类。从作用对象角度，可将思想政治教育功能分为个体性功能和社会功能，陈万柏、张耀灿认为："个体性功能是指思想政治教育对教育对象个体产生的客观影响，是思想政治教育的本体功能，主要表现为个体生存功能、个体发展功能、个体享用功能；社会性功能是指思想政治教育对社会发展发挥的客观作用，主要表现为政治功能、经济功能、文化功能、生态功能。"② 从具体内容角度，学者们也进行多种阐述，如学者刘基将思想政治教育功能具体划分为"导向功能、保证功能、育人功能、开发功能。"③ 学者王永友、粟国康认为："思想政治教育功能分为基本功能和衍生功能，基本功能包括育人功能和导向功能；衍生功能包括服务功能、认知功能。"④

① 张耀灿，陈万柏．思想政治教育学原理 [M]. 北京：高等教育出版社，2015:64.
② 张耀灿，陈万柏．思想政治教育学原理 [M]. 北京：高等教育出版社，2015:65.
③ 刘基．高校思想政治教育论 [M]. 北京：中国社会科学出版社，2006:112.
④ 王永友，粟国康．思想政治教育功能的生成逻辑 [J]. 思想理论研究，2018(3):47.

第四，关于高校校园文化的思想政治教育功能内容的相关研究。研究者们都充分肯定了高校校园文化具有重要的思想政治教育功能。学者张庆奎从正负两极对高校校园文化的功能展开论述，认为："正极功能主要包括导向功能、调适功能和文化反哺功能，负极功能主要包括一些消极的影响，但正极功能是占主导地位的，这样高校校园文化的发展才有存在和发展的意义。"① 学者石峰从思想政治教育载体视角出发，认为："高校校园文化是思想政治教育的有效载体，具有导向功能、创新功能、凝聚功能、规范功能、娱乐调节等五个方面的思想政治的教育功能。"② 学者洪满春从高校校园文化的特点出发，认为："高校校园文化具有指导引领、凝聚整合、熏陶塑造、调适激励的思想政治教育功能。"③ 学者辛爽把校园景观的育人功能具体化为："体现历史文脉，传承校园精神；陶冶人文情操，塑造健康人格；培养学习兴趣，弘扬工匠精神。"④ 目前，从相关文献资料中可以发现，并没有单独对高校校园景观文化的思想政治教育功能的论述。大部分学者将高校校园景观文化作为高校校园文化的构成部分，以校园文化"硬"环境、物质环境文化等形式呈现，并在此基础上探讨高校校园文化的思想政治教育功能。因此，本书以高校校园文化的思想政治教育功能为基础进行高校校园景观文化的思想政治教育功能分析，确保研究方向的正确。

第五，关于优化和实现高校校园景观文化思想政治教育功能的

---

① 张庆奎 . 高校校园文化功效探析 [J]. 江苏高教 ,1995:35.

② 石峰 . 试论高校校园文化的思想政治教育功能 [J]. 贵州师范大学学报（社科版）,2006(5):80-83.

③ 洪满春 . 高校校园文化的内涵及其思想政治教育功能 [J]. 咸宁学院学报 ,2010(2):65.

④ 辛爽 . 高职院校校园景观育人功能实现途径研究 [J]. 工业技术与职业教育 ,2022(10):79.

相关研究。学者于晓雯从生态学和美学角度，对高校景观文化的建设现状、建设意义进行详细论述，并从建设原则、美学建设方法、生态化建设系统三个方面有针对性地提出了建设策略。学者周欢欢从思想政治教育学科视角，对高校校园文化的组成部分一高校物质文化进行研究，总结了高校物质文化建设中取得的成就，详细论述了建设中存在的问题和原因，并以高校物质文化建设原则、基本保障为基础，进行建设对策的论述，从顶层建设理念、规划设计体现校园特色、校史传承、建设中体现思想内涵、周边环境等五个方面提出具体措施。学者方绍正和丁贞权针对建筑类高校物质文化的作用进行研究，通过调查问卷的数据研究分析，提出了对策建议：建筑类高校有意识地突出校内自然景观和建筑物以体现其学科特色化内涵，通过各类文化载体加以宣传强化、标识文化，注重各校区之间的文化传承。[①] 上述观点虽未明确提出高校校园景观文化，但也为本书更准确地把握高校校园景观文化的思想政治教育实现路径提供了借鉴和依据。

通过以上论述，将高校校园景观文化建设和思想政治教育进行结合，是高校思想政治教育寻求内在发展的本质要求，为高校思想政治教育功能的充分实现提供了方向，也是高校思想政治教育工作的创新，为高校实现立德树人根本任务，完善高校思想政治教育三全育人体系提供了理论和实践基础。

1.2.2 国外研究现状

从国外研究的文献资料来看，国外围绕高校校园景观文化的相关研究主要涵盖校园环境文化建设等诸多方面，如校园环境设计、

① 方绍正，丁贞权．基于因子分析的建筑类高校物质文化作用研究 [J]. 吉林化工学院学报 ,2017(2) : 51-54.

历史文脉传承、自然景观和人文景观和谐等，更注重通过环境文化突出大学精神和大学特色。鉴于本书注重突出高校校园景观文化的教育功能，本书将从高校校园景观文化理论的相关研究、国外高校思想政治教育相关研究两个方面进行整理，进一步拓展本书研究思路。

（1）关于高校校园景观文化理论的相关研究

第一，关于高校校园文化内涵的研究。1930 年，西班牙著名思想家奥尔托加·加塞特从文化角度探讨大学文化和职能，主张在大学建立文化系科，将文化的教学和传递视为大学最重要的职能，他强调大学应该通过广博的文化教育培养“全人”。[①]1932 年，美国学者沃勒提出“学校文化”的概念，他认为：“学校文化是在学校这一特定地域中产生和发展起来的特别文化。”[②] 将学校文化产生的地理范围明确，也为本书指明了学校文化与其他文化的重要区别。20 世纪 80 年代至 90 年代，美国高校发展迅速，对校园文化的研究成果也较为丰硕，对校园文化概念界定更全面，涵盖学校的历史、使命、物质环境、标准、传统、价值观、办学实践、信仰、假说等诸多要素，为后续对大学文化及其功能的深入研究提供了借鉴。

第二，关于高校校园景观文化教育功能实现现状的研究。国外针对高校校园景观文化的研究倾向校园环境文化方向。美国著名风景园林和建筑教育家克莱尔·库伯·马库斯从设计学角度，将校园的空间形态与校园历史进行关联，提出：“营造特色校园景观文化，致力于创造适合师生学习生活的特色校园景观环境。”[③] 哈佛大学理

① 奥尔特加·加塞特·大学的使命 [M]. 徐小洲，陈军译，杭州：浙江教育出版社，2001:41.

② Willard Waller.The sociology of Teaching[M].Russeil & Russell,1967:13.

③ 克莱尔·库伯·马库斯·交往与空间 [M]. 何人可，译 . 北京：中国建筑工业出版社，2002:127.

学院前院长亨利·罗索夫斯基从文化角度指出了文化环境的教育功能，并详细将校园中的各类文化要素展开研究，认为“高校校园里优良的文化氛围和环境为学生相互之间的学习提供了良好的条件，突出了环境文化的教育功能”[①]。

总体来说，国外对高校校园景观文化的研究更注重实践策略的研究。一方面，国外学者将高校校园景观文化与建筑和设计学理论结合探讨其教育实践功能；另一方面，国外高校校园景观文化的建设将以人为本理念和历史文脉传承渗透至景观文化之中，为本文实现路径的提出打开了思路。但不足之处在于，国外学者对高校校园景观文化的教育功能仅限于校园内，但对社会辐射功能的理论研究成果较少。

（2）关于国外高校思想政治教育的相关研究

思想政治教育作为对国民进行思想领域的教育的有效方式，因文化及历史背景不同，不同国家的思想政治教育名称也不同。国外相关的理论研究成果中并未直接体现思想政治教育这一概念。以美国为例，美国的“思想政治教育”叫做公民教育，在高校中主要通过政治教育、道德教育、爱国教育、人格教育、宗教教育、权利和义务教育等方面进行，这些内容通过隐性教育中的渗透方式进行，使教育在学生不知不觉中展开。由此可见，国外高校的“思想政治教育”的本质与我国的思想政治教育本质有着相似之处，一方面，都是坚持主流意识形态的主导和教育，使受教育者接受主流意识形态从而达到当下社会发展的要求；另一方面，都体现了当下社会的主流价值理念。上述观点也从侧面证明了思想政治教育的本质，为思想政治教育功能的拓展提供了思路。

① 亨利·罗索夫斯基.美国校园文化：学生·教授·管理[M].谢宗仙，周灵芝，等译.济南：山东人民出版社，1996:135.

1.3　研究基本思路与方法

1.3.1　研究的基本思路

本书立足思想政治教育学视角，首先对高校校园景观文化的内涵及特征进行理论研究，之后论述高校校园景观文化具有的思想政治教育功能，在调查研究基础上，总结高校校园景观文化的思想政治教育功能实现现状，分析取得的成绩和存在的问题并针对存在问题进行原因分析，最后提出高校校园景观文化思想政治教育功能实现的具体路径。

1.3.2　研究的基本方法

（1）文献研究法。通过对国内外关于高校校园文化、高校校园景观文化、思想政治教育功能所涉及的文献资料、相关专著、博士硕士优秀论文的研究，了解掌握校园景观文化及其思想政治教育功能实现的相关情况，为本书的立题、调研和分析提供坚实的基础。

（2）实地调研法。为得到翔实的资料，本书作者制订调研计划和调研内容，前往有代表性的沈阳市本科高校校园进行实地走访调研，通过文字记录、照片拍摄和个人访谈等方式，记录高校校园景观文化建设的现状，作为校园景观文化思想政治教育功能实现状况的客观依据。

（3）问卷调查法。本书以沈阳市 20 余所本科高校的校园景观文化思想政治教育功能的实现现状为调查样本，采用问卷调查和网络调查等方式进行调查研究，实际了解高校校园景观文化在思想政治教育功能实现中取得的主要成绩和存在的问题，为本书有的放矢地提出优化高校校园景观文化思想政治教育功能的具体路径提供现实的参考依据。

（4）归纳演绎法。对问卷调查进行归纳，进一步分析整理调研数据资料，总结高校校园景观文化在思想政治教育功能实现中取得的主要成绩，梳理存在的问题并进行原因分析，探索高校校园景观文化实现思想政治教育功能的具体路径。

2　高校校园景观文化思想政治教育功能的基本问题

为了更好地实现高校校园景观文化的思想政治教育功能，首先必须对校园文化、高校校园景观文化及其所蕴含的思想政治教育功能的相关基础理论进行系统研究。因此，本章主要针对高校校园景观文化的思想政治教育功能所涉及的相关基本问题进行理论层面的分析与论述。

2.1　高校校园景观文化的内涵及特征

2.1.1　校园文化的内涵

基于学校自身发展过程中所呈现出来的个性化特点以及普遍性规律，本书将校园文化定义为：由学校全体成员为主导，为了适应时代和社会发展的需求，在校园内的特定的育人环境中所创设、积淀、共享出来的物质和精神载体，包括但不仅限于物质表现、规章制度、观念态度、行为规范、思想观念等，是学校师生在长期的教育实践过程中所创造的、具有校园特色的文化环境、文化活动和规章制度，以及反映师生共同信念和追求的校园精神的总和。

2.1.2 高校校园景观文化的内涵

“景观”一词并不是思想政治教育范畴内的概念，通常被广泛用于建筑设计、地理等学科，将景观与高校校园文化相结合产生的高校校园景观文化概念，是高校校园文化领域向纵深发展的全新尝试，也是高校思想政治教育工作的突破。为明确高校校园景观文化的内涵，需要先明确对“景观”概念的界定，《辞海》对景观的定义是：“地理学名词，从整体概念来讲，兼容自然与人文景观；从一般概念来讲,泛指地表自然景色。”① “校园景观是校园环境的重要组成部分，校园景观不仅具有供师生观赏、休憩等实际功能，还是校园文化的物质载体，蕴涵着深厚的文化内涵。”② 这些物质载体包括高校校园内的未经人工修缮的自然环境和带有人工印记的人文环境，比如，高校内基础设施、高校建筑物、教学科研设施、标志景观或雕塑等都可以作为高校校园景观。总体来看，这些物质载体都是高校为实现立德树人根本任务，完善思想政治教育三全育人的教育体系的重要物质基础，依托高校校园景观作为思想政治教育载体，挖掘其中所蕴含的丰富思想政治教育资源，并在时代和高校发展过程中不断赋予校园景观以全新教育内涵和文化因子，带有高校所在地域文化特征、历史文化特点、学科特色、大学精神，形成独具一格的思想政治教育文化载体，从而逐渐形成了系统的高校校园景观文化。然而，不管从器物层面或是从精神文化单独某一个层面来理解高校校园景观文化都不能对其进行全面概括和研究，前者观点仅限于对高校校园内物质景观层面的探讨，忽视了景观文化发挥其思想政治教育功能的核心和灵魂，即精神文化层面；而后者更倾向于精神层面的理解，忽略了搭载精神文化的景观文化物质载体。

---

① 作者 . 辞海委员会 .（缩印版）[M]. 上海 : 上海辞书出版社 ,1980:1402.

② 眭依凡 . 关于大学文化建设的理性思考 [J]. 清华大学教育研究 ,2004(2):11-17.

综上所述，高校校园景观文化内涵分为广义和狭义。从广义来讲，高校校园景观文化是以时代特色和社会文化为基础，以高校校园为地理文化圈，以历届高校师生员工为主体，以实现立德树人、服务社会为教育目的，以高校校园内的自然环境和人文环境为载体，将高校多年形成的高校精神、高校文化、高校风貌等精神文化因子寓于校园内的自然环境和人文环境之中，形成具有时代内涵和高校特色的外在的物质化及内核精神化的具有教育内涵的文化形态；从狭义来讲，高校校园景观文化指的是高校中被教育者赋予一定的教育意图而建设的物质载体，包括校内基础设施、校园建筑、教学科研设施、标志景观或雕塑等。不管是从广义角度还是从狭义角度理解高校校园景观文化的内涵，高校校园景观文化都无时无刻不传递着独具高校精神、高校学科和发展特色的教育内涵并被打上了独具高校风格特色的烙印，无时无刻不散发着具有鲜明特色的时代和文化风尚，随时随处被高校内全体师生员工感知并且被一致认同的校园文化子系统，衍生出思想政治教育多种功能。然而，随着高校职能的发展和辐射，高校校园景观文化势必与社会文化也会有一定程度的相互影响和融合。因此，高校校园景观文化也会一定程度地吸收并反映当下时代特色和社会良好风貌，从而影响高校内乃至周边社区成员的道德观念、行为准则等，一定程度上也会推动社会文化的发展进步，对社会的思想产生一定的引领作用，以此实现高校校园景观文化的思想政治教育功能。

2.1.3　高校校园景观文化的特征

第一，潜隐性。所谓潜隐性，一方面，体现在高校校园景观文化所蕴含的教育内容以及教育目的方面，主要指在思想政治教育过程中，教育者将教育内容寓于校园景观文化之中，受教育者通过体验校园景观文化的外在的、具体的文化形式，逐步理解其丰富的精神文化内涵，以此潜移默化地达到教育目的。与传统课堂讲授理论知识不同，依托校园景观文化的教育内容是相对隐蔽的。在思想政治教育过程中，将受教育者主体能动作用充分调动起来，使其主动融入思想政治教育过程并体验和感知其中丰富的内涵，虽未明确表现教育目的，却时刻体现出思想政治教育“以人为本”的特征。另一方面，则体现在教育方式中，以高校校园景观文化为载体的教育方式打破了传统的课堂灌输式的教育方式，通过高校校园景观文化来进行的思想政治教育，更符合教育心理学规律，使受教育者在教育过程中感受更加轻松，并乐于接受这种隐性的教育方式，从而使受教育者发自内心、潜移默化地将教育内容内化于心，最终达到外化于行，实现教育目的。

第二，渗透性。从高校校园景观文化对受教育者的影响方式的视角，一方面，高校校园景观文化营造了高校独特的思想政治教育环境和氛围。高校校园景观文化是教育者根据受教育者的需求和特点而设计的，并将丰富多样的教育内容通过校园景观文化含蓄地表达出来，这种带有一定教育目的的景观文化形成了一种思想政治教育的“场”，受教育者长期浸润在这个独特的“场”内，教育者将教育内容潜移默化地渗透至受教育者日常学习和生活中，通常这种渗透是时时处处的，并且使受教育者在不知不觉中受到感染和熏陶。另一方面，每位受教育者都是独立个体，有着不同个性及不同成长经历，因此对受教育者的道德品德的塑造和培养不是一蹴而就的，也不能通过单一的或强制灌输式的教育手段实现教育目的，而高校校园景观文化本身是一种文化，文化之所以可以与各阶段、各类型的教育相结合，最关键的是因其教育方式是一种渗透式、浸润式的，虽然通过这种方式进行的思想政治教育效果不能立竿见影，但如果长期处于这种环境中，受教育者会逐步感受并得到思想的启迪和心灵的陶冶，涵育受教育者的道德品质和其思想政治教育效果则是十分长久的、渐进的，这从另一个侧面也体现出遵循思想政治教育的规律和原则的重要性。

第三，承载性。高校校园景观文化因其独特的育人方式和思想政治教育意义，使其可作为思想政治教育载体开展思想政治教育工作，既可作为思想政治教育的物质载体，亦可作为思想政治教育的文化载体。“载体具有承载隐性教育内容、信息的功能”。[①] 一方面，教育者依托高校校园景观文化作为高校思想政治教育的物质载体，在高校中，物质载体可以包含高校中的自然环境、人文环境、教育教学设施等。在思想政治教育过程中，教育者通过系统规划和设计，巧妙地将不同学科教育教学内容与这些物质载体相结合，使其不仅起到美化环境的功能，更可以承载教育者赋予的隐性教育教学内容，且这种教育教学内容可以根据不同教育教学需要进行更新和挖掘，与高校显性课堂教学共同成为高校思想政治教育的重要教育方式。另一方面，高校校园景观文化作为文化载体，由教育者将时代文化特点及高校发展过程中沉淀的精神文化内涵寓于高校校园景观文化之中，使其隐含具有教育价值的精神文化内容，在思想政治教育过程中，这些隐形的教育内容润物细无声地影响着受教育者的思想价值观念、道德行为准则等方面，进而引导受教育者向教育者所规划的方向发展。因此，高校校园景观文化无论作为物质载体还是文化载体，均可以拓展思想政治教育载体所承载的教育内容，并使不同学科领域的教育内容相互融合，形成具有校园文化特色的校园景观品牌文化。

---

① 郑永廷．思想政治教育方法论 [M]. 北京：高等教育出版社 ,2010:168.

第四，丰富性。从高校校园景观文化涵盖内容的角度来看，高校校园景观文化是以文化为中心进行的思想政治教育，无论从文化还是从思想政治教育来探究，不可否认的是高校校园景观文化都蕴含着丰富多彩的教育内容和教育价值。同时，高校校园景观文化并不是独立的，而是在一定社会文化和校园文化背景下不断发展、传承、创新的，其中也蕴含了一定的社会文化和校园文化的内容及特点。一方面，高校校园景观文化所蕴含的内容涉及建筑学、设计学、生态学、地理学、教育学、哲学、人文、科技等各个领域各学科的内容，教育者通过对受教育者适当引导，借助高校校园景观文化的丰富内容，或直接地通过实践体验式的教育教学方式传递给受教育者，或含蓄地、逐步地传递给受教育者，帮助受教育者更好地理解高校校园景观文化多样的教育内涵，以此实现教育目的。同时，高校校园景观文化蕴含的内容涉及诸多思想政治教育领域的内容，如优秀人物、道德模范、劳动教育、法治观念、中华传统文化等，通过这些充满教育价值的、丰富的思想政治教育内容，涵育了受教育者的道德品德和综合素养，为进一步实现高校思想政治教育工作的实效性提供了保障。另一方面，目前，我国高校大都以集中办学为主，从某种程度上具有一定的封闭性和独立性，随着时代发展和信息交互速度的加快，高校校园景观文化也会受到更多的社会文化的影响，通过教育者的严格筛选，更多如抗“疫”英雄、志愿服务故事、先进社区工作者、先进的科技工作者等一些正向的、饱含时代特色的社会主流文化和社会核心价值理念被高校管理者和广大师生员工所接受和认可，这些正向的文化和理念更为丰富多元，与校内的思想政治教育内容一道，持续不断地为高校校园景观文化内涵注入全新内容和不竭动力。

第五，开放性。从辐射范围角度来探讨开放性，一方面，近年来，随着我国科技发展水平和国际地位的提升，高校的职能也在悄然发生转变，人才培养、科学研究、社会服务、文化传承创新、国际交流合作是目前高校所承担的重要使命。教育者依托高校校园景观文化对受教育者进行悄然无声的思想政治教育，在渐进式教育下成长的受教育者，无形之中传承和创造符合时代特征的、高层次的高校校园景观文化，这种符合时代特点的、更高层次的高校校园景观文化会随着受教育者的学习和社会实践而不断打破时间和空间的限制向外部辐射，辐射范围不仅覆盖高校校园，而且最终会扩大至全社会，从而实现社会文化水平的提升。另一方面，高校校园景观文化的丰富内涵来源于高校多年形成的高校精神、高校文化、高校风貌等，这些精神内涵的形成根源在于社会文化的发展和进步。因此，高校校园景观文化不仅来自高校内全体师生员工的实践，也在社会文化的基础上发展并创新。

2.2　高校校园景观文化与思想政治教育的关系

高校校园景观文化与思想政治教育分属不同范畴，是两个独立的主体，两者相互独立，而从内在联系层面上，两者又相互统一、密不可分。具体表现在以下两方面：

2.2.1　高校校园景观文化与高校思想政治教育具有各自独立性

第一，二者教育方式不同。高校校园景观文化的教育方式具有一定的隐蔽性，原因在于高校校园景观文化是以一种比较含蓄的、隐蔽的教育方式对高校中广大师生员工进行影响，使受教育者在有意无意间受到影响，这种影响方式是潜移默化的、润物无声的。而高校思想政治教育是一项比较严肃、方向性强的工作，具有一定的组织性、计划性，因此，大部分思想政治教育工作均以显性教育方式来实现。第二，二者影响效果不同。在一定时间范围内，高校校园景观文化的育人效果是潜隐性的、持久的，不是一蹴而就的。而高校思想政治教育虽在短时间内会产生一定的影响效果，但这种效果带有一定的阶段性特点，倘若缺乏连续的、目的明确的思想政治教育，很难保证其影响效果的长久性。第三，两者涵盖内容不同。从广义内涵角度理解，高校校园景观文化对高校全体师生员工的影响既涵盖符合时代特点和主流文化的思想价值观念和道德行为准则，也涵盖科学知识、专业技能、生活技能等。而高校思想政治教育影响则主要涵盖意识形态层面，包括思想观念、行为准则、政治立场以及道德标准等。

2.2.2 高校校园景观文化与高校思想政治教育具有内在统一性

第一，两者具有相同的目标。高校校园景观文化以其独有的潜隐性和渗透性，潜移默化地影响着受教育者的道德观念、行为准则等方面，最终促进受教育者综合素质水平的提升。思想政治教育目的是提高受教育者思想道德文化水平、促进人的全面发展、实现社会的进步。因此，两者的最终目的是一致的，都是以人为本、以提高道德水平和综合素质为目标，最终实现经济社会的发展。第二，两者研究领域相同。二者研究均属意识形态领域，[①] 高校思想政治教育本质是社会主流意识形态的教化，高校思想政治教育是向受教育者传导社会主流意识形态的重要途径，主要是以马克思主义为理论基础，以马克思主义人学理论等为直接理论依据，探讨如何使受教育者在政治立场和方向层面符合党和国家的要求。高校校园景观文

① 郑柔澄 . 高校校园文化建设的思想政治教育功能及其实现研究 [D]. 济南 : 山东大学 ,2017.

化则是以其独特的潜隐性、渗透性潜移默化地将高校多年以来形成的价值观念、行为规范等持续不断地向广大师生员工渗透，从而影响广大师生员工思想意识形态。因此，两者都运用意识形态领域的理论和观点开展思想政治教育。第三，两者作用对象一致，并都遵循以人为本规律。高校校园景观文化和高校思想政治教育都是围绕“人”来开展工作的，工作的出发点和落脚点都强调以人为本。思想政治教育者通过对人的思想品德形成、发展、结构等规律进行研究，展现思想政治教育工作的人本特征。[①] 而高校校园景观文化是由高校全体师生员工共同创造，采用隐性渗透式教育方式，以此实现教育的长久性，保障教育的实效性，在教育方式上，更遵循教育的规律。因此，两者作用对象是一致的且都遵循着以人为本的规律和原则。

2.2.3　高校校园景观文化的思想政治教育价值

第一，德育价值。德育的目的是培养学生的良好品德，使他们具有正确的道德观念，做出正确的道德选择，从而建立良好的道德行为，为社会和国家培养有礼貌、有道德、有责任感的人才，为社会和国家的发展做出贡献。校园内各种具有象征意义的雕塑、雕像、刻有警言格句的景观石等物质景观都具有德育价值。学生们在校园景观的长期熏陶下，不断地规范自己的行为，逐渐将优秀的道德表现、正确的价值观内化成自身的品质。

第二，智育价值。校园景观文化能够培养学生的创新精神和学习思考能力。校园内浓郁的人文气息、优美的景观文化，能够开拓学生的视野，充分调动学生学习和钻研的积极性。特别是直观的、形象的自然形态和生动的艺术形式，可以丰富学生对自然、社会、自身的深

① 刘薇 . 高校校园文化建设与思想政治教育互动研究 [D]. 沈阳 : 辽宁大学 ,2012..

层认识，加深和完善对课堂教学内容的理解，引导学生对科学、人文进行探索，培养学生的观察力、思考力和想象力，从而引导学生掌握客观事物的规律，提高驾驭客观变化的能力。

第三，美育价值。高校校园景观文化的思想政治教育价值首先表现在它的美育价值，美育是培养人美的修养、发展审美能力、提高其对美的感受力、鉴赏力和创造力，促进身心更加完美。优美的校园景观文化是一种有形的美育，将可感知的、美丽的校园景观直接呈现在学校师生面前，师生通过对其细细品味与鉴赏，唤起和激发他们的审美欲望与情趣，从而受到美的感染，塑造个人良好的审美价值，并潜移默化为美的行为、美的语言、美的心灵。

2.3 高校校园景观文化的思想政治教育功能

中共教育部党组在《高校思想政治工作质量提升工程实施纲要》中强调："要深入推进文化育人。建设美丽校园，制作发布高校优秀人文景观、自然景观名录，推动实现校园山、水、园、林、路、馆建设达到使用、审美、教育功能的和谐统一。"[①] 将文化因子融入至高校校园景观之中形成的高校校园景观文化是高校实现立德树人根本任务的全新渠道，也是高校思想政治教育工作的重要支撑，依托高校校园景观文化打造高校的学科、品牌特色，树立高校良好形象，在社会实践领域最终促进社会成员的综合素质的全面发展。因此，发挥高校校园景观文化的思想政治教育功能具有十分重要的意义，优质的高校校园景观文化对于高校内全体师生员工乃至周边社

① 中共教育部党组．关于印发《高校思想政治工作质量提升工程实施纲要》的通知 [EB/OL].(2017-12-05)[2018-05-03].http://www.moe.edu.cn/srcsite/A12/s7060/201712/t20171206_320698.html.

区、社会都有着十分重要的作用和意义。高校校园景观文化的思想政治教育功能具体内容如下：

2.3.1　价值导向功能

高校校园景观文化的价值导向功能是高校教育者为实现其教育目的，以学科特色和受教育者的需求为导向设计而成，是以社会主义先进文化为内核，承载弘扬党和国家的政治思想、价值体系、理想信念、民族精神等重要使命，引导受教育者形成鲜明政治立场和坚定的政治信仰，以社会主义核心价值体系为基本遵循，树立共产主义远大理想和社会主义共同理想，用以爱国主义为核心的民族精神和以改革开放为核心的时代精神，培养受教育者正确的人生观、世界观、价值观。随着国内国际形势的日益复杂，国与国之间信息交互速度增强，意识形态领域中充斥着各种各样的社会思潮，这些社会思潮有积极正向的，也有消极负向的。因高校内大都为视野开阔、素质水平较高的青年学生群体，他们接收新事物较快，并乐于接收新的思想，因此，这些社会思潮迅速地汇聚在高校内，潜移默化地影响着学生的思想意识形态。高校作为我国社会主义建设者和接班人成长成才的摇篮，承载了立德树人的重要使命，而高校校园景观文化则作为实现高校立德树人的重要教育方式，在思想政治教育过程中会传递出一种主流的意识形态和核心价值观念，并引导受教育者的价值观念和行为准则朝着正确的方向发展，这种引导是从一个人到多个人的，使受教育者主动形成和树立坚定的政治观点、鲜明的意识形态、高尚的理想信念和积极的价值取向，也使其在高校校园景观文化的引领下始终按照其所渗透的主流思想观念成长和发展。高校校园景观文化的价值导向功能源于我国的高等教育始终坚持马克思主义指导地位，贯彻习近平新时代中国特色社会主义思想，坚持社会主义办学方向，也取决于影响高校校园景观文化形成和发展的主流社会文化环境。充分发挥高校校园景观文化的价值导向功能具有十分重要的意义。一方面，使受教育者在自身原有价值取向的基础上始终沿着思想政治教育所期望的方向成长发展。另一方面，可以通过高校校园景观文化将党和国家对青年学生的期待通过文化渠道进行表达，使学生充分领会，实现对自我、对人生和对社会深层次的思考。

2.3.2 行为约束功能

高校校园景观文化的行为约束功能是指高校校园景观文化通过蕴含在其中的、由高校全体师生员工共同形成的积极正向的思想观念、道德标准和行为规范，使受教育者能够主动规范自身的行为习惯，实现受教育者的自我成长和自我发展。在现代网络信息时代背景下，无论学习生活都离不开网络，网络拓宽了受教育者的眼界和视野，但不可否认，网络上也充斥着一些不良行为和现象，如校园霸凌、人肉搜索、虐待动物、网络信息诈骗、校园借贷等，这些行为会逐渐对受教育者的思想行为进行渗透，对高校思想政治教育的工作无疑也带来挑战。高校校园景观文化是高校思想政治教育的重要载体，是高校思想政治教育有效发挥的保障，无时无刻不渗透着高校精神文化内涵，“使学生每时每刻浸在其中，都会感受一只无形的手会时刻纠正他们的日常行为”，[①] 高校校园景观文化不仅抑制了不良的思想和行为在受教育者群体中的蔓延，而且提升了受教育者的道德行为准则，最终使受教育自觉抵制错误的思想行为，努力提升自身素质，涵育良好的道德品质。高校校园景观文化的约束作

① 初汉增，张丹萍 . 浅谈景观在校园文化建设中的教育功能 [J]. 宁波大学学报（教育科学版）,2017(7):53-56.

用是在充分尊重受教育者的个性发展的规律下进行的，不是为了约束个性，而是通过一种文化的非强制力量，使受教育者自觉地规范自己的思想和行为，从而实现其综合素质水平的提高。充分发挥高校校园景观文化的行为约束功能具有十分重要的意义。一方面，高校校园景观文化的约束功能与法律等强制手段不同，高校校园景观文化是一种在“软”环境下实现其行为约束功能，它会形成一股内在的、无形的约束力量，使受教育者自觉按照它所要求的来规范自己的行为，这种影响是长期的、持久的。而法律手段则是一种强制约束的手段，其效果是立竿见影的。因而两者在方式和育人效果上有本质区别。另一方面，高校校园景观文化通过遵循受教育者的成长规律和个性特点，可以充分调动浸润在其中的受教育主体的主观能动性，实现受教育者自我修正和规范，最终使其在不知不觉中将道德准则外化为良好的道德行为，实现校园景观文化的行为约束作用，为高校实现立德树人根本任务提供助力。

2.3.3　情感熏陶功能

高校校园景观文化的情感熏陶功能是指高校校园景观文化通过高校校园物质环境所渗透的人文理念、校园精神，形成了高校校园独特的文化氛围，使受教育者在潜移默化中得到熏陶感染。改革开放以来，我国经济社会快速发展，虽物质生活已经极大满足了人们的需求，但更高层次精神情感方面的需求则较为缺失，在这样的社会环境下成长的青年一代或多或少有着情感方面的缺失，这种缺失是极其隐匿的，不能轻易被发现，但对青年群体的影响却是极其深远的，若在成长阶段不去发现补足，可能会对青年群体的心理产生影响。而高校校园景观文化运用柔性的文化力量，使教育内容渗透至受教育者的心灵情感深处，触动受教育者的内心世界，以环境熏陶感染的作用方式实现“入芝兰之室久而自芳”的效果，从而影响受教育者的成长和发展。同时，高校依托校内优美的自然环境打造景观文化氛围，充分将高校的办学理念、办学特色、精神内涵展现出来，从而使每个景观都可以实现寓教于景的作用，使受教育者充分沁润在独具特色和魅力的景观文化氛围之中，以此陶冶受教育者情操，提升他们的精神境界，提升他们对美的理解和品位。发挥高校校园景观文化的情感熏陶功能具有十分重要的意义。一方面，使受教育者陶冶于境。受教育者身处悄无声息的物质文化环境中，感受着优美的环境及富有教育内涵的文化氛围，可以提升受教育者对美好事物的发现和感知能力。同时，使受教育者学会甄别真正的美与表面的美，提高审美能力、认识能力、分辨能力。另一方面，使受教育者陶冶于行。由于受教育者的精神情感世界得到满足，从而使其自觉地改善思想行为，促使受教育者个性的成长和提升。

2.3.4 凝聚激励功能

高校校园景观文化的凝聚激励功能主要指的是高校校园景观文化所蕴涵的校园精神力量激发受教育者强烈的归属感、持久的凝聚力，使受教育者从内心自发产生一种为个人、高校、社会发展而奋发向上、开拓进取的强大精神动力，这种精神正能量会从高校中的一人扩散到多人，形成一种朝气蓬勃的、积极向上的校园精神文化氛围。高校中的青年群体处于人生成长的关键阶段，他们的心智、思维、个性没有完全成熟，容易受到外界不良信息和环境的影响，对自我、高校甚至社会产生否定和怀疑，因此，需要在自我认知和群体意识层面给予适当的修正和激励。高校校园景观文化作为一种群体文化，代表群体的精神力量，时时处处对受教育者产生积极影响。因高校校园景观文化是高校全体师生员工群体共同塑造并认可的，受教育者有着为获得群体其他人的尊重和认可的精神需求，这种需求会激发出受教育者内在驱动力和主体能动性，激励其不断调整自己的思想行为，主动向群体所接受并认可的价值取向和行为方式靠近。另外，高校校园景观文化是高校校园文化中具体化的文化形态，可通过体验式的实践教育手段来感受其内在的精神力量，这是一种精神的强心剂和粘合剂，号召受教育者发挥主体能动性，敢于担当、奋发进取，将个人目标与学校目标统一起来，以个人的成长与学校的发展为己任并主动担当。充分发挥高校校园景观文化的凝聚激励功能具有十分重要的意义。一方面，高校校园景观文化的凝聚激励功能满足受教育者精神层面的需求，激发受教育者自我认知、自我修正的动力，强化奋发图强的学习动力，为思想政治教育实践开辟了新的路径。另一方面，高校校园景观文化的凝聚激励功能所产生的心理影响是一个循序渐进、分层递进的过程，因每位受教育者的成长背景和个人经历不同，灌输式的教育方式已经无法满足不同个体的需求，故高校校园景观文化的凝聚激励功能以独特的润物无声的教育方式满足了不同成长阶段和不同个体的需求，激发其产生强大的精神动力，将个人目标与集体目标整合一致，形成强大的力量源泉和精神文化氛围，促使受教育者全面发展。

2.3.5　示范辐射功能

高校校园景观文化的示范辐射功能指的是高校校园景观文化通过先进文化的示范和辐射实现其对受教育者和社会的积极作用和影响。随着我国高等教育改革的不断深入，我国高校发展职能在最初的人才培养、科学研究的基础上增加了社会服务、文化传承创新、国际交流合作。高校职能的转变加速高校在文化、科研、教育、生产等方面与社会的融合速度，因此，高校是传播、传承文化的重要阵地，文化的辐射和传播是高校的重要职能。本书所探讨的高校校园景观文化蕴含内涵丰富的文化成果和优秀的精神因子，并以具体化的文化形态将其呈现出来，为社会文化的建设提供了优秀范例，从而带动和引领周边社会文化的发展和精神文明的进步。高校校园景观文化的示范辐射功能主要体现在两个方面，第一，通过渗透式育人优势，带动社会文化的进步。文化传播即是潜移，文化潜移是文化发展的一条规律，是一切社会都存在的永恒现象。文化的传播有一种渗透的力量，高校校园景观文化因其独特的渗透性和潜隐性，完成对受教育者潜移默化的教育，而高校是人才培养的重要基地，也是高层次文化的重要源头，校内师生整体素质较高，他们是先进文化的“示范人”和“传播者”，经过校园景观文化熏陶的师生在与社会的不断互动过程中，将正确的思想道德观念、行为准则带入社会，不仅潜在影响校内师生，同时影响着周边社区居民，进而产生一定的示范效应，从而带动社会文化的发展进步。第二，高校校园景观文化提供了建设先进社会文化的示范。从狭义的高校校园景观文化内涵角度，高校校园景观文化将意蕴丰富的教育内涵和校园精神以景观为载体呈现出来，其载体大都设计新颖、造型独特、有学科特色，借助更多渠道和平台向社会展示出优秀的高校校园精神风貌和高校校园风尚，为先进社会文化的建设提供了示范和借鉴，从而引领社会文化向更高层次发展。因此，充分发挥高校校园景观文化的示范辐射功能具有十分重要的意义。一方面，有助于丰富思想政治教育的内容和途径，扩大思想政治教育的覆盖范围，切实提升思想政治教育的实效性和亲和力，全面提升高校思想政治教育工作的影响力。另一方面，有助于丰富社会文化内涵，增强社会文化氛围，提升社会文化整体水平，引领社会文化的发展进步。

2.4 影响高校校园景观文化思想政治教育功能建设的因素

2.4.1 校园景观文化建设条件与基础

高校校园景观文化的思想政治教育功能建设，首先必须基于高校校园自身的建设条件与基础研究。从校园景观文化的功能要求以及服务对象等方面来说，它不同于一般的公园、小区等景观设计，从校训文化、教学重点以及建设规模等基础条件来讲也和一般的校园景观建设有所区别。因此，高校校园景观文化设计，应该重视自己独特的建设条件、形态模式以及设计特点。

2.4.2 校园景观的基本要素

校园景观的构成主要分为两大部分：自然景观和人造景观。自然景观主要是由山石水体、地貌地形、园林植物等要素构成，人工景观主要是指各类建筑物和构筑物，包括广场道路、建筑、园林小品等各类人工设施。具体来看，校园景观的构成有五大基本要素，即地形、水体、建筑、园路与植物。

地形、建筑、植物几个基本要素以及雕塑小品等都可以反映大学文化精神、营造良好的校园文化氛围，即校园景观文化的思想政治教育功能营造。建筑是师生进行学习、交流活动的主要场所，也是校园景观文化的思想政治教育功能的重要表现和组成部分；校园空间设计是当前高校建筑设计的重要考虑因素，校园空间不仅仅是学生接受知识的重要场所，更是陶冶情操的生活空间，通过在校园不同的功能区域进行与之相适应的环境景观设计处理，在为学生提供必要的交流、休闲空间之余，更能形成一种个性鲜明、富有文化内涵的良好氛围。地形、植物是使校园中人与自然和谐共处的重要景观，给人以自然舒适的感觉。名人雕像、警句等景观小品的思想政治教育功能最明显，学生面对此类景观时，常能被伟人的事迹所激励，在愉快的氛围中接受景观所宣传的思想，在它们的长期熏陶下，使学生不断修正自己的行为而逐渐将优秀的伦理道德、正确的价值观内化成自身的高尚品质，高校作为育人场所更应善用这一素材；景观小品、雕塑的主题、立意和构思都要仔细推敲，使其具有高度的艺术性和强烈的感染力。

2.4.3 校园景观文化与人群活动

校园一草一木、一楼一阁都反映着大学校园文化，彰显大学精神，都是影响景观设计和景观育人功能的重要依据。高校校园景观文化的思想政治教育功能建设应坚持以人为本的基本原则，使人与环境和谐共生，使环境在人才的全面培养方面发挥更重要的作用。建立思想政治教育与景观的必然联系，找寻两者之间的有机结合点，把学校的教育理念、人文精神、人才价值取向和所推崇的中华先进育人因子融入校园景观文化是关键所在。学生是校园使用的主体，要创造怡人、舒适的校园环境就离不开对空间使用主体行为及心理的研究，

本章通过对高校校园景观文化内涵、特征的论述，对本书所研究的基础理论进行明确界定。同时，基于对高校校园景观文化与思想政治教育的关系及其思想政治教育功能具体内容以及影响高校校园景观文化思想政治教育功能建设因素的探讨，进一步明确了充分发挥高校校园景观文化的思想政治教育功能具有十分重要的意义和价值，也为高校校园景观文化的思想政治教育功能实现路径研究提供了重要理论支撑和思路。

3　高校校园景观文化思想政治教育功能的实现现状

本章深入了解目前高校校园景观文化在实现思想政治教育功能过程中取得的主要成绩，总结高校校园景观文化在思想政治教育功能实现过程中存在的突出问题，并基于上述情况进行原因分析，从而为高校校园景观文化的思想政治教育功能实现路径研究提供现实依据。

3.1　高校校园景观文化思想政治教育功能实现现状的调查分析

3.1.1　调查目的

本次调查的目的是通过对在校大学生进行问卷调查及个人访谈，以了解高校校园景观文化的思想政治教育功能的实现情况，进而分析目前高校校园景观文化在实现思想政治教育功能过程中取得的主要成绩及高校校园景观文化建设发展的不足之处，从而有针对性地提出实现高校校园景观文化的思想政治教育功能的实践路径。

3.1.2　调查方法

以高校校园景观文化为中心，围绕在实现思想政治教育功能过程中取得的主要成绩和存在的突出问题展开调查，主要采用问卷调查法和访谈调查法进行调查。

（1）问卷调查

为了保证本次调查数据的真实性、普遍性、随机性，问卷采取在网络上线上征集和在部分高校集中发放问卷等方式进行征集填写。本次调查共发放问卷500份，有效问卷495份，回收率达到99%，为后续的现状分析提供了充足的数据支持。

（2）访谈调查

为了弥补问卷调查方法的不足，本次调查还采用了访谈调查法来对问卷调查的结果进行补充，使调查数据和结果更加深入和细致。本次访谈调查主要采用个人访谈的方式，总共收集到32份有效访谈记录。

3.1.3　调查对象

（1）问卷调查对象

本次问卷调查的主要对象为在校大学生，为了使调查结果更具有普遍性和真实性，本次问卷调查面向不同学历、不同年级、不同专业、不同地区的在校大学生进行问卷发放。

①调查对象学历层次情况

根据调查问卷结果统计，参与本次问卷调查的学生共分为大学专科生、大学本科生、硕士研究生、博士研究生、高校教师等，其中参与问卷填写以大学本科生为主，有208人，占总调查人数的42%；其次硕士研究生101人，占总调查人数的20.4%；博士研究生80人，占调查总人数的16.16%；大学专科生75人，占调查总人数的 15.15%；高校教师 20 人，占比 4%；最少的为其他高校工作人员，仅有 11 人，占比 2.2%。

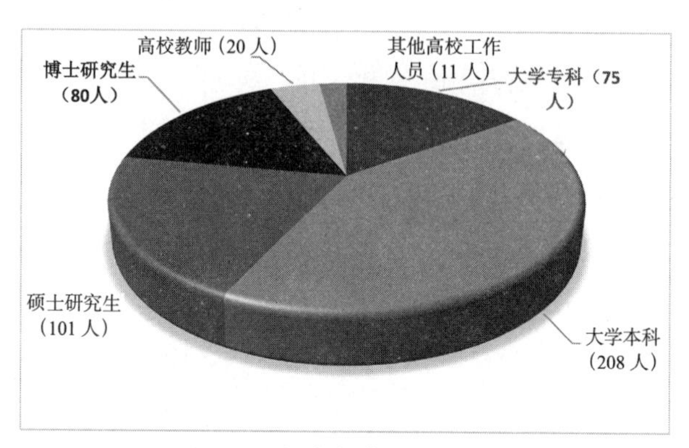

图 3.1 调查对象学历层次情况

②调查对象专业分布情况

根据调查问卷结果统计，本次调查问卷填写的在校生涉及理工类、文科类和综合类三大类别。其中理工类学生最多，有 472 人，占总调查人数的 95.35%；文科类学生有 20 人，占总调查人数的 4.04%；综合类学生有 3 人，占总调查人数的 0.6%。

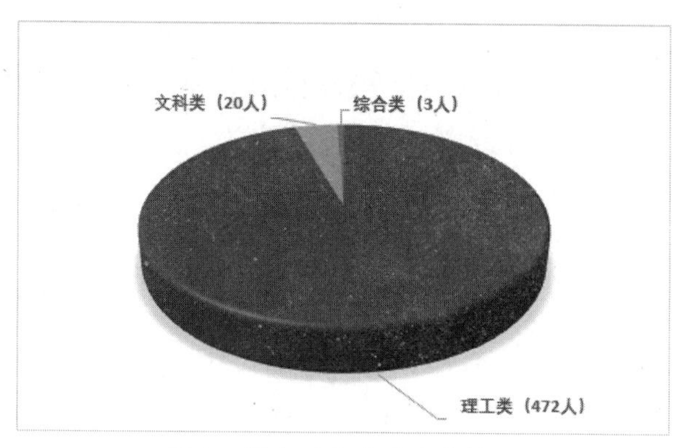

图 3.2 调查对象专业分布情况

③调查对象政治面貌情况

根据调查问卷结果统计，本次调查问卷填写的学生主要以中共党员为主，还有部分共青团员和群众。其中参与问卷填写的学生中最多的政治面貌是中共党员，有 308 人，占总调查人数的 62.22%；政治面貌为共青团员的有 102 人，占总调查人数的 20.6%；政治面貌为群众的人数是 85 人，占总调查人数的 17.17%；还有少量的其他党派人士有 2 人，占总调查人数的 0.26%。

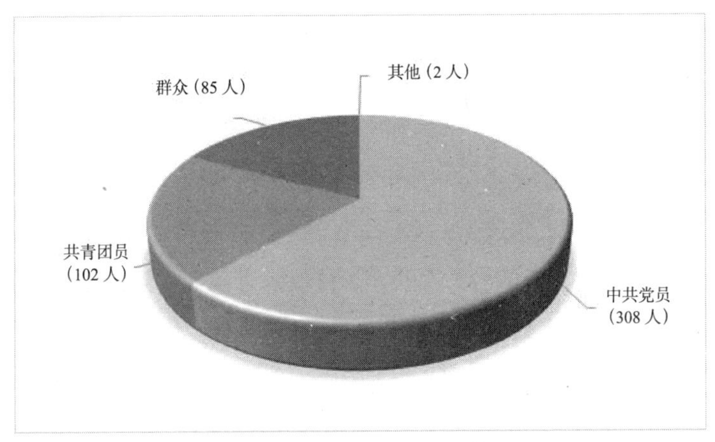

图 3.3 调查对象政治面貌情况

（2）访谈调查对象

本次访谈调查主要目的是为了弥补问卷调查的局限性，使调查内容更加全面丰富，因此调查对象主要是针对在校大学生、高校辅导员、高校思政课教师和高校专业课教师来进行。本次访谈调查最终共收集并整理了 32 份访谈调查记录，其中在校大学生 20 份、高校辅导员 6 份、高校思政课教师 3 份、专业课教师 3 份。

3.2　高校校园景观文化的思想政治教育功能基本得到实现

3.2.1　价值导向作用稳步提升

随着高校三全育人体系的发展完善，高校校园景观文化作为思想政治教育重要实现方式之一，在思想政治教育过程中对受教育者的意识形态、价值观念起到重要的价值导向功能。针对价值导向功能在高校内实现现状，本书设置了两个相关方面的问题：第一，“您是否感受到本校校园景观的文化内涵和教育意义”（见图 3.4），在“深刻感受到、略微感受到、没有感受到、没听说过”四个选项中，约 61% 的学生选择深刻感受到，这其中约 70% 以上的学生是本科一、二年级以及研究生一年级的学生，约 30% 的学生为本科及研究生高年级的学生，超过 4/5 以上的学生专业方向为文史类，近 1/5 为理工类；第二，“您认为长期处于高校校园景观文化氛围中对您的思想价值观念有多大程度的影响”（见图 3.5），在“影响极大、影响一般、没有影响、不了解”四个选项中，约 2/3 的学生选择影响极大，这其中约 70% 以上的学生为本科及研究生低年级学生，约 30% 的学生为本科或研究生高年级学生，超过一半以上的学生专业方向为文史类，约 2/5 为理工类。

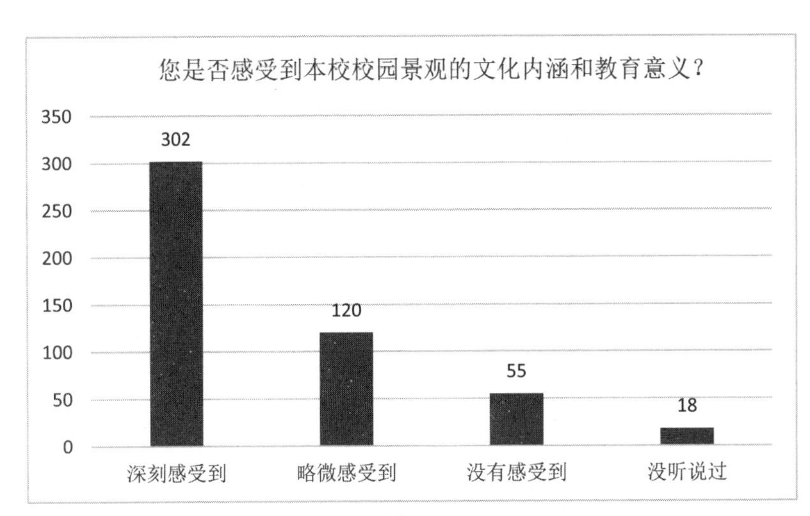

图 3.4

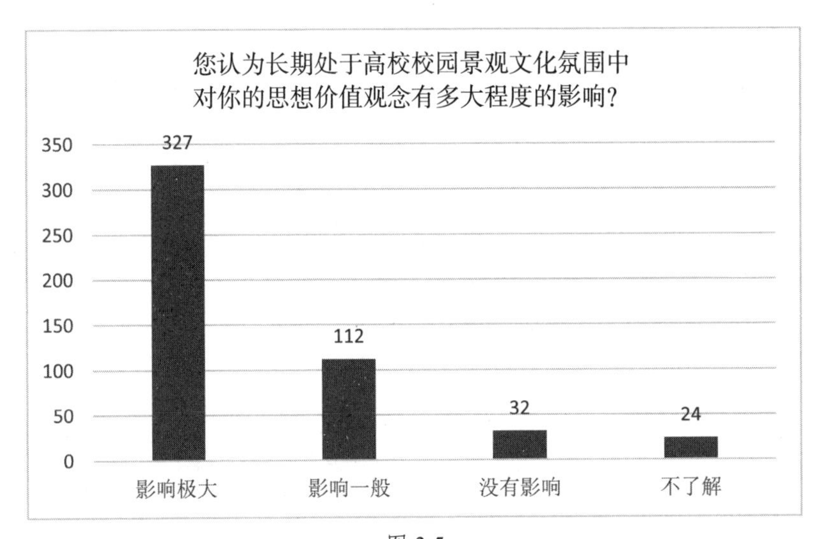

图 3.5

基于以上数据可知，超过多半数的受访高校学生已感受到高校校园景观文化丰富的教育内涵，尤其对于高校新入学及低年级学生群体，高校校园景观文化的价值导向功能得到显著体现，充分展现了景观文化作为社会主义文化的重要构成，已经充分将社会主义核心价值观和正向积极的主流文化价值观念融入其中，引领受教育者思想，使受教育者时刻保持鲜明的政治立场、正确的意识形态、崇高的理想信念和积极的价值观念，使高校新入学及低年级学生群体能够按照教育者所期望的方向成长成才。而高年级的本科生及研究生由于年龄及入学时间等其他因素，虽对校园景观文化内涵感受程度不及本科低年级学生，但高校校园景观文化对其思想引领程度要明显高于低年级本科学生。说明景观文化育人虽悄无声息，但是受教育者对校园景观文化的内涵的理解是逐渐深入的，且对其思想价值观念的影响是深刻而持久的，符合高校思想政治教育工作的要求。另外，高校校园景观文化对于专业方向为文史类和理工类方向的学生影响程度基本一致，说明高校校园景观文化已经被教育者打上特定的教育目的烙印，景观文化丰富的教育内涵已被各个学科的受教育者所感知，并逐渐形成高校以文育人的重要教育模式，从而进一步实现其价值导向作用。

3.2.2 行为约束功能效果显著

高校校园景观文化因其独特的育人特点，不仅对受教育者内在产生一定影响，使受教育者感受其精神内核，将教育者的教育目的潜在地渗透至受教育者内心，更为重要的是对受教育者的外在行为表现产生一定的影响，使受教育者充分感知后能够外化于行，实现从认识到实践的“飞跃”。针对高校校园景观文化的行为约束功能在高校内实现的现状，本书设置了两个相关方面的问题：第一，“您认为置身高校校园景观文化之中是否会不自觉地规范自己的一言一行”（见图 3.6），在“会、偶尔会、完全不会、不了解”四个选项中，约 72% 的学生选择会，这其中近 1/2 以上的学生是本科低年级学生，约 1/3 的学生为本科高年级的学生，约 1/5 的学生是研究生，约 40% 以上的学生专业方向为文史类，超过一半以上为理工类；第二，“您认为高校校园景观文化所标注的提示语、警示语、行为规范条款对您的行为约束的影响程度如何”（见图 3.7），在“影响极大、影响一般、没有影响、不了解”四个选项中，约 79% 的学生选择影响极大，这其中近 50% 以上的学生是本科低年级学生，约 30% 的学生为本科高年级的学生，约 20% 的学生是研究生，约 2/3 以上的学生专业方向为文史类，约 1/3 为理工类。

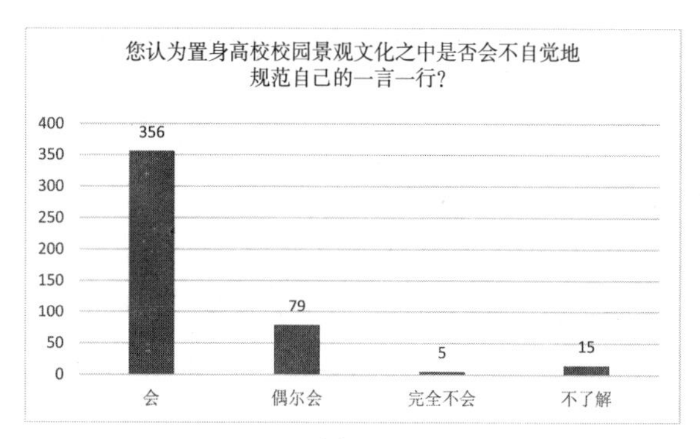

图 3.6

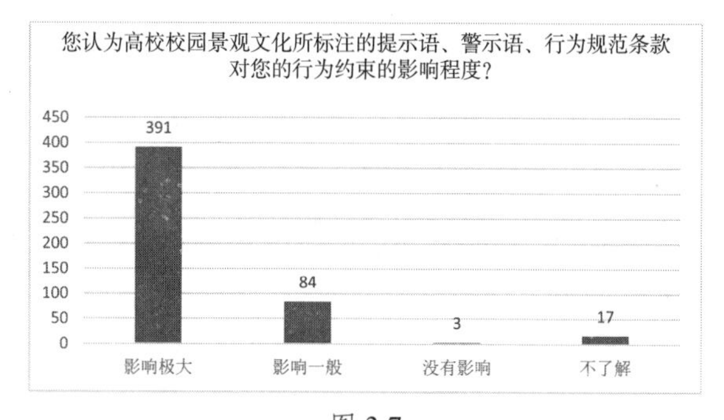

图 3.7

以上充分说明了高校校园景观文化的行为约束功能已经充分得到了实现，特别是被大多数低年级的本科和研究生学生所接受和认同，且效果十分显著。这部分受访者已逐渐意识并且重视高校校园景观文化，无论是自然景观还是人文景观，能够对景观文化传递的教育内涵主动认同，并且乐于按照校园景观文化所暗含的要求方向进行自我行为的约束和管理。因而，他们对高校校园景观文化认可程度较高。相比较而言，高年级的本科生及研究生对校园景观文化的教育内涵了解程度相对较深入，对其核心教育内涵能够主动理解并认同，这部分受访者在思想政治教育过程中已经逐步实现自觉的管理和约束，直至离开校园环境，也带有明显的景观文化所教育的烙印。从专业类别来看，高校校园景观文化的行为约束功能实效性基本相似，可见，高校校园景观文化的育人模式随着教育要求的变化而呈现出多样化特点，特别是在构建课程思政协同育人的教育观念背景下，校园中已逐步形成充分挖掘各学科思想政治教育元素的大思政教育格局，从而令身处其中的不同学科背景的受教育者都会体会到思想政治教育的要求，并自觉按照高校校园景观文化所指明的方向规范行为，从而实现高校思想政治教育目的。高校校园景观文化已逐步成为高校思想政治教育工作中不可或缺的重要载体之一。

3.2.3 情感熏陶作用逐步加强

高校校园景观文化以高校内自然环境为依托，通过打造美丽的自然环境和人文环境，营造集美育和德育于一体的思想政治教育环境，旨在对高校全体师生进行心灵的陶冶和情感的熏陶，实现以美育人。本书设置了两个相关方面的问题：第一，“您认为长期身处高校校园景观文化环境中会令人感受轻松愉悦、心情舒畅吗”（见图 3.8），在“会、偶尔会、完全不会、不了解”四个选项中，约

4/5 的学生选择会，其中近 1/2 为本科学生，近 1/2 为研究生，约 60% 为低年级学生，40% 为高年级学生，约 70% 的学生专业方向为文史类，约 30% 为理工类。第二，“您认为高校校园景观文化所蕴含的文化内涵是否会提升您对美的认知并滋润你的精神世界”（见图 3.9），在“会、偶尔会、完全不会、不了解”四个选项中，约 2/3 以上的学生选择会，其中约 60% 以上为本科学生，约 40% 为研究生，约 70% 为低年级学生，约 30% 为高年级学生，约一半的学生专业方向为文史类，约一半为理工类。

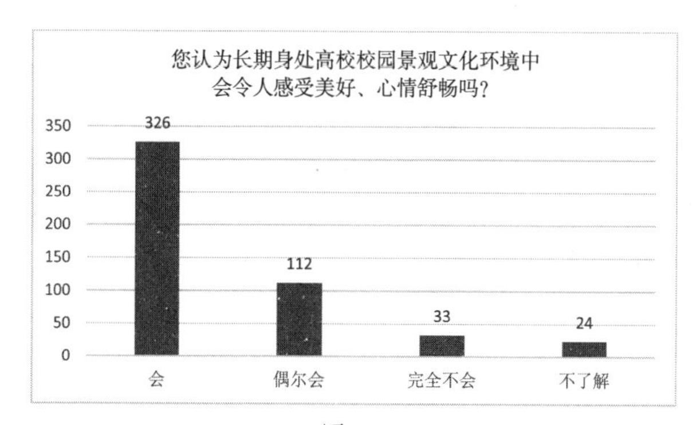

图 3.8

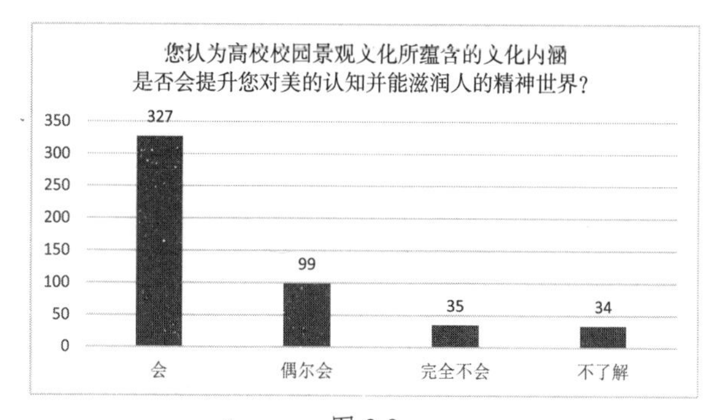

图 3.9

基于以上调研结果，说明在高校思想政治教育过程中，高校校园景观文化与思想政治教育紧密结合并形成独特的高校思想政治教育环境，这种内涵丰富且优美怡人的教育环境已经被越来越多的受教育者所感知，并从感官体验逐渐深入到受教育者的内心世界，从而使受教育者身心得到放松和滋养，精神需求得到满足。特别是受访者当中超过半数以上的高校低年级本科学生，虽对思想政治教育内涵理解程度不及高年级学生，但他们更乐于感受和体验美好的事物，并乐于接受以景观文化为主体的美育教学形式和教育资源，虽本科高年级学生对景观文化的美育教育感受不及本科低年级学生，但从总体来讲，高校校园景观文化也已充分展现出其美育功能和价值，能够净化受教育者思想，提升他们的审美水平。此外，相对学科为理工类方向学生而言，文史类学科学生由于所研究学科及群体思维特点，对于景观文化的感知更加敏锐，并且能快速地从景观文化的物质载体入手，从感官体验进一步过渡到内心感受，并最终认同景观文化所传递的教育内容。同时，理工科类学生的思想政治教育受课程思政的影响，也能从理工类学科思想政治教育元素中获取积极正向的教育内容，进而使他们树立正确的审美观、提高艺术水平、加深对美好事物的体验和感受，使得受教育者的情感世界得到放松和陶冶，最终实现情感陶冶的目的。

3.2.4　凝聚激励功能形式日益丰富

高校校园景观文化是高校精神文化的重要表现形式之一，可以将高校多年以来形成的并被全体师生所认可的校园精神、教学理念、价值观念等以多样化形式展现出来，这种强大的精神力量使高校师生产生强大凝聚力和向心力，促使他们以本校的建设和发展为己任，激励他们不断提升自我学习能力，在自我实现过程中为本校发展建设贡献力量。本书设置了两个相关方面的问题：第一，“您认为高校校园景观文化会激发您的学习动力和对理想的追求吗”（见图 3.10），在“会、偶尔会、完全不会、不了解”四个选项中，约 2/3 的学生选择会，其中约 80% 以上为本科低年级和高年级学生，约 15% 为研究生低年级学生，约 5% 为研究生高年级学生，近一半的学生专业方向为文史类，近一半为理工类。第二，“您认为高校校园景观文化可以起到哪些凝聚激励作用”（见图 3.11），在“团结师生、凝聚人心、激发群体力量、形成统一的独具特色的高校文化、作用不明显”五个选项中，因该题目为多选，约 90% 以上的学生同时选择了前四种功能，这其中近 4/5 为本科学生，约 1/5 为研究生，约 3/4 为高年级学生，约 1/4 为低年级学生，约 1/2 的学生专业方向为文史类，约 1/2 为理工类。

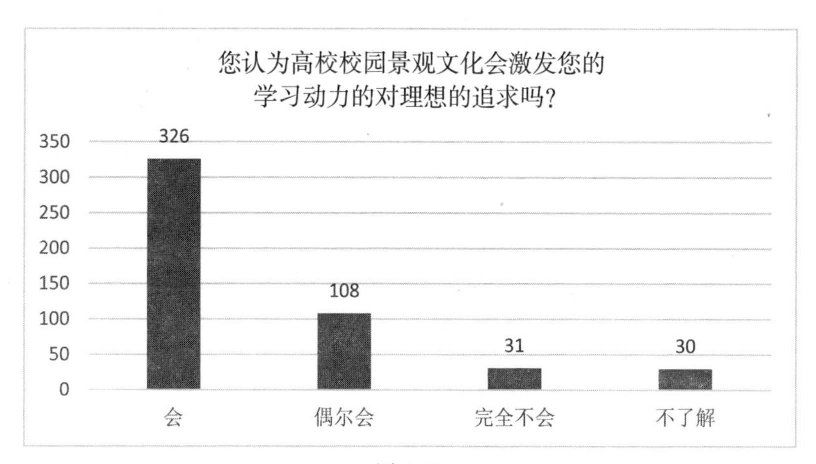

图 3.10

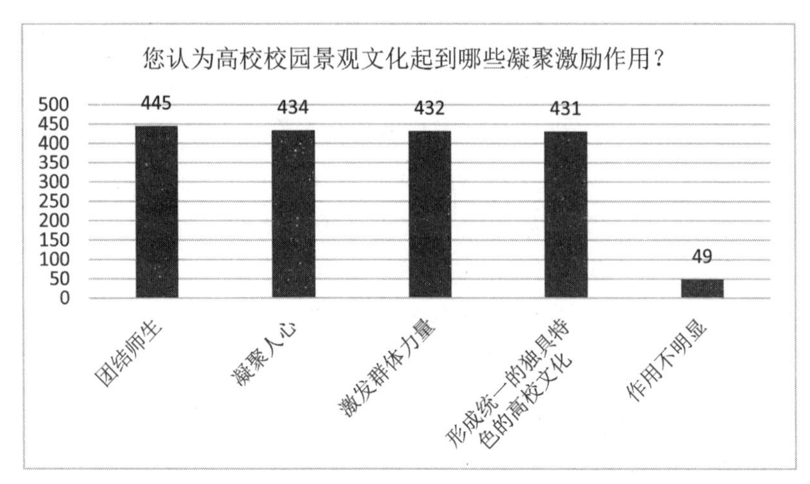

图 3.11

从调研结果来说，凝聚激励功能对受访的本科学生影响效果要略高于研究生，而对于高校校园景观文化所具有的凝聚激励功能而言，高年级学生的理解程度要明显高于低年级学生，且对于不同专业方向的受访者影响效果并无较大差别。由此可见，高校校园景观文化的凝聚激励功能已经得到充分的发挥，但从学科方向是理工类的受访者调查情况来看，理工类高校及学科已经慢慢形成全课程挖掘思想政治教育元素的大思政教育格局，故而景观文化实现凝聚激励功能的形式也逐渐多元化。从总体来说，无论是高年级学生还是低年级学生，高校校园景观文化所蕴含的强大的凝聚力和向心力，已逐渐渗透至受教育者的思想意识之中，从而激发受教育者爱校荣校、树立远大的理想信念、不断积极上进并勇于开拓进取，增强其对本校的归属感和认同感，并且将个人目标与学校发展相结合，实现个人与高校的共同发展，反过来这也丰富了高校校园景观文化的教育内涵，实现了其教育价值，进而使校园景观文化成为高校思想政治教育正向激励的重要手段。

3.2.5 示范辐射功能进一步拓展

随着高校职能发生了转变，高校与社会融合的程度进一步增强，高校校园文化与社会文化的交流和借鉴也进一步加深，高校校园景观文化与社会文化的互动不仅拓展了校园景观文化的空间范围，也拓展了校园景观文化的影响力，同时，也可通过借鉴优秀社会文化使高校校园景观文化内涵更加充盈和丰富，并反作用于社会及社会文化，实现示范辐射功能。本书设置了两个相关方面的问题：第一，“您认为高校校园景观文化丰富的教育内涵对社会的影响示范程度如何”（见图 3.12），在“程度极大、程度一般、没有影响、不了解”四个选项中，近 2/3 的学生选择程度极大，其中约 4/5 以上为高年级学生，约 1/5 为低年级学生，约 2/3 以上为研究生，约 1/3 为本科学生，约 60% 的学生专业方向为文史类，40% 为理工类；第二，“您认为社会对高校校园景观文化所蕴含的教育内容了解程度如何”（见图 3.13），在“十分了解、了解但不够深入、不了解、不关注”四个选项中，近 2/3 的学生选择了解但不够深入，其中约 90% 以上为高年级学生，约 10% 为低年级学生，约 4/5 以上为研究生，约 1/5 为本科学生，约 3/5 的学生专业方向为文史类，2/5 为理工类。

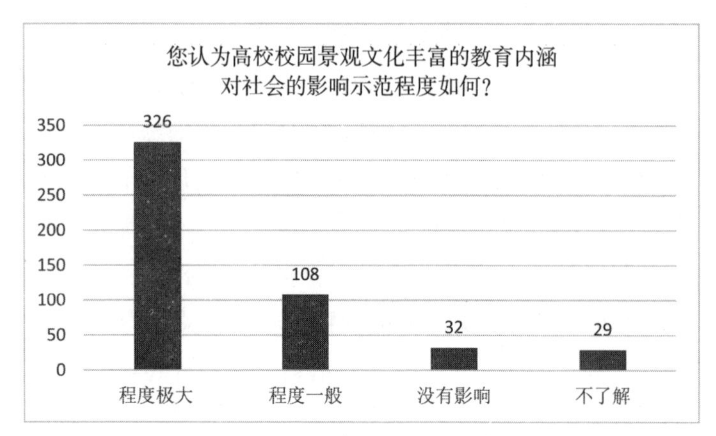

图 3.12

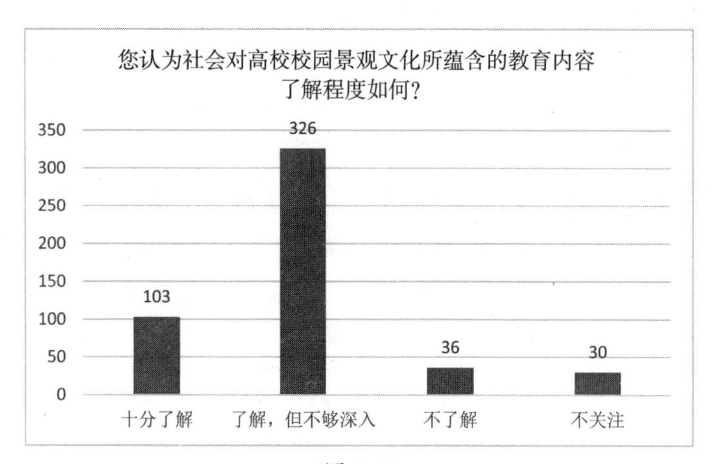

图 3.13

基于以上数据，高年级学生对景观文化的示范辐射功能的了解程度明显高于低年级学生，特别是高年级研究生和本科生，因为高年级学生群体借助更多工作和实践全面接触和了解社会及社会文化，对校园景观文化的示范辐射功能的实效性有更加清晰的了解，相比较而言，低年级学生对于校园景观文化的示范辐射功能的理解相对有限。从学科类别角度来看，不同学科的受访者都通过社会服务、实践活动等让高校校园景观文化产生一定的示范辐射效应，围绕景观文化展开的思想政治教育工作已经从校内逐渐延伸至校外。从总体来说，虽社会对于高校校园景观文化及其功能的认知还有待进一步提升，但高校校园景观文化已经随着高校校园职能的拓展逐渐“走出去”，通过多种方式和渠道展现出高校所特有的文化育人的显著优势和示范效应，进而实现社会对校园景观文化及其内涵的认可、宣传和借鉴。同时，在两种文化的互学互鉴中，高校校园景观文化也逐渐将社会文化的优秀教育因子“引进来”，以此拓展校园景观文化内涵，全面提升校园景观文化的示范辐射功能。

3.3 高校校园景观文化在思想政治教育功能实现过程中存在的问题

通过问卷调查，我们发现不同类型、不同层次的高校在校园景观文化实现其思想政治教育功能过程中仍然存在一定的局限性和不足之处。存在的问题主要包括：第一，实现价值导向功能的教育特色不突出；第二，聚焦行为约束功能的教育载体较为单一；第三，提升情感熏陶功能的教育平台未全面建成；第四，发挥凝聚激励功能的教育主体能动性不足；第五，实现示范辐射功能的教育环境未形成联动机制。

3.3.1 实现价值导向功能的教育特色不突出

因地域环境、社会文化、学科特色、办学理念、管理理念、教学队伍和学生素养等多方面存在差异，导致各高校校园景观文化价值导向功能实际效果也存在较大差异。针对此项问题，本书设置

"您认为高校校园景观文化对您的思想价值观念引导作用还有哪些不足"的调查问卷（见图3.14），在"与其他高校大都相同无法突出本校特色、教育内涵挖掘不够丰富、不能与其他学科联合达到思想政治教育目的、教育资源创新程度不足无法与时俱进、缺乏趣味性对青年人的吸引力不大"五个选项中，近2/3的学生选择与其他高校大都相同无法突出本校特色，这其中约60%以上的学生专业方向为理工类，约40%的学生为文史类；约25%的学生选择教育内涵挖掘不够丰富以及不能与其他学科联合达到思想政治教育目的，这其中约70%以上的学生为高年级学生，约30%的学生为低年级学生，约30%为本科学生，约70%为研究生；约6%的学生选择教育资源创新程度不足无法与时俱进和缺乏趣味性对青年人的吸引力不大，这其中约80%以上的学生为高年级学生，约20%的学生为低年级学生。

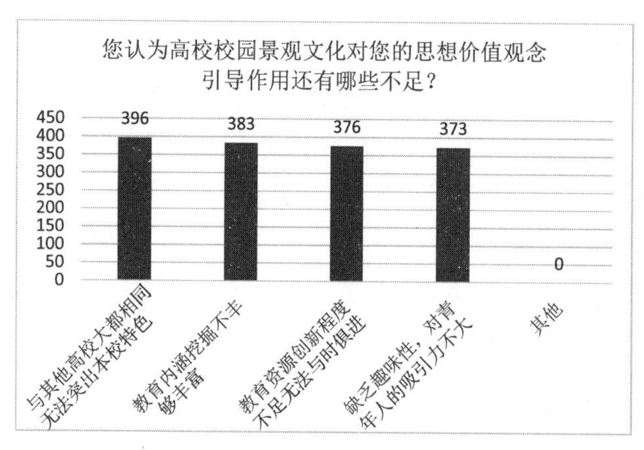

图3.14

这说明，第一，各高校景观文化在价值导向功能的实现过程中最突出的问题是未能与本校校园文化、办学优势、特色学科相结合，未能实现定位明确的价值导向功能。大部分高校在实现校园景观文化的价值导向功能过程中，部分理工类和文史类高校的景观文化建设存在趋同化的现象，未能与本校的办学理念、办学特色、特色学科等要素紧密结合，未能展示出独树一帜的校园景观品牌文化。第二，部分高校教育者未能全面挖掘实现价值导向功能的相关教育内涵。部分高校校园景观文化仅被用于美化校园自然环境，实现功能较为单一，未能与其他学科联合形成教育合力，赋予其更加多样化的教育内涵，未能打造成景观文化特色教育资源，实现价值导向功能。特别是对于高年级的研究生同学，这部分群体对景观文化内涵有多层次、多样化的需求，景观文化的价值导向功能也要以受教育者主体需求为导向，否则会对价值导向功能的实效性产生一定的影响。第三，教育资源没有紧跟时代发展，创新能力不足，缺乏吸引力。部分高校教育者缺少一定的创新理念，未能紧跟当下时代发展步伐，打造与时代特色紧密结合的实现价值导向功能的教育资源。特别对于紧跟时代发展的低年级的本科学生群体，他们对于充满时代性和创造性的教育资源感知更加敏锐，因此要明确教育特色以实现价值导向功能。

3.3.2　聚焦行为约束功能的教育载体较为单一

因各高校对景观文化实现行为约束功能的教育载体的理解和运用有较大差别，因此，部分高校在校园景观文化实现行为约束功能过程中，出现教育载体的运用较为单一、缺少创新、评价反馈体系不完善等问题。针对上述问题，本书设置“您认为高校校园景观文化对您的行为约束作用还有哪些不足”的调查问卷（见图 3.15），在“可利用的教育载体单一、行为约束效果不长久、形式缺乏创新、评价反馈体系没有完全建立”四个选项中，近 4/5 的学生选择可利用的教育载体单一和形式缺乏创新，这其中约 60% 以上的学生专业方向为理工类，约 40% 的学生为文史类，约 80% 为本科学生，约 20% 为研究生，约 70% 为低年级学生，约 30% 为高年级学生；约 15% 的学生选择行为约束效果不长久，这其中约 70% 为低年级学生，约 30% 以上为高年级学生；约 5% 的学生选择评价反馈体系没有完全建立，这其中约 80% 为高年级学生，约 20% 以上为低年级学生。

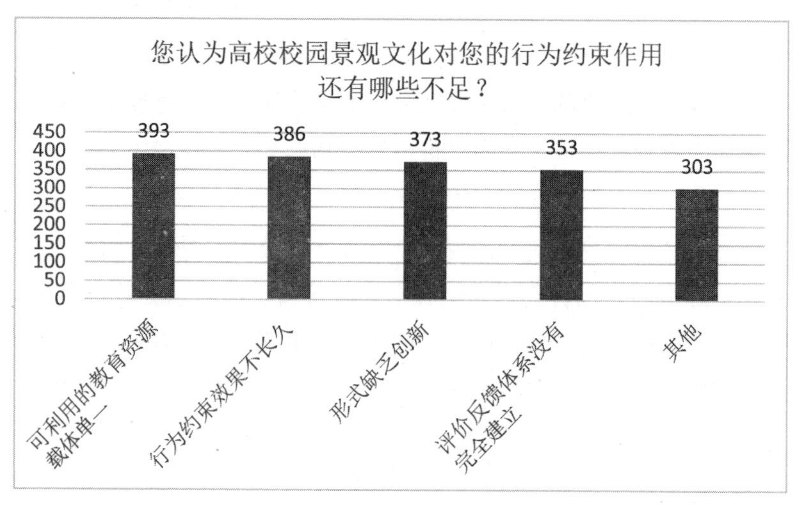

图 3.15

由此可见，第一，实现行为约束功能的教育载体运用较为单一，缺乏一定的创新形式。实现行为约束功能，既可以依托物质载体来实现，也可以通过文化载体实现；既可以通过活动载体实现，也可以通过网络载体实现，这些丰富多样的教育载体均是在遵循思想政治教育原则基础上，实现景观文化的行为约束功能。然而，部分高校对校园景观文化实现行为约束功能大都借助单一的教育载体来进行。部分高校校园景观文化的物质载体仅停留在警示牌等单一层面，未充分将各类教育载体相结合，也未充分借鉴高校理工类或者文史类学科特点创新教育载体形式和内涵。同时，随着高校思想政治教育管理工作的细化发展，单一的教育载体已经不能完全满足受教育者的多样化的需求，应充分结合受教育者的主体特点进行教育载体的创新。第二，部分高校教育者对各类型教育载体的接受认可度不高。部分高校的校园景观文化体系并未完全建立，部分教育者对高校校园景观文化，特别是对教育载体的理解也仅停留在理论阶段，对思想政治教育载体理论的了解较少，无法充分将理论和实践紧密结合，实现教育载体的重要思想政治教育价值。第三，行为约束效果不长久。其中大多数为低年级学生选择此项，他们对于教育载体的内涵和教育内容理解不够全面，且因教育载体单一，无法紧跟主体需求特点而进行创新，因此行为约束效果难以实现长久性。第四，实现行为约束效果的评价反馈体系未全面建立。其中大多数为高年级学生选择此项，现阶段，部分高校中较为直观的、浅层的、实效性不明显的教育载体已经无法满足高年级同学的需求和特点，他们更期待从顶层设计建立行为约束效果的评价反馈机制，实现深层次、多样化、全方位的行为约束功能体系，保障校园景观文化行为约束功能的进一步提升。

3.3.3 提升情感熏陶功能的教育平台未全面建成

目前，大多数高校校园景观文化实现其情感熏陶功能普遍采用依托自然环境的平台来开展，但从调研结果来看，部分高校并未全面建成校内文化活动平台、网络育人平台等全面协同的系统化平台。本书设置“您认为高校校园景观文化对您的情感熏陶功能实现过程中还有哪些不足”的调查问卷（见图 3.16），在“未系统搭建校内文化活动和网络平台、教育内涵挖掘不足、未与校内其他特色学科相结合”三个选项中，近 2/3 的学生选择未系统搭建校内文化活动和网络平台，这其中约 70% 的学生为低年级学生，近 30% 的学生为高年级学生，约 80% 为本科学生，约 20% 为研究生；约 1/4 的学生选择教育内涵挖掘不足，这其中约 60% 以上的学生专业方向为理工类，约 40% 的学生为文史类；约 5% 的学生选择未与校内其他特色学科相结合，这其中约 70% 以上的学生专业方向为理工类，约 30% 的学生为文史类。

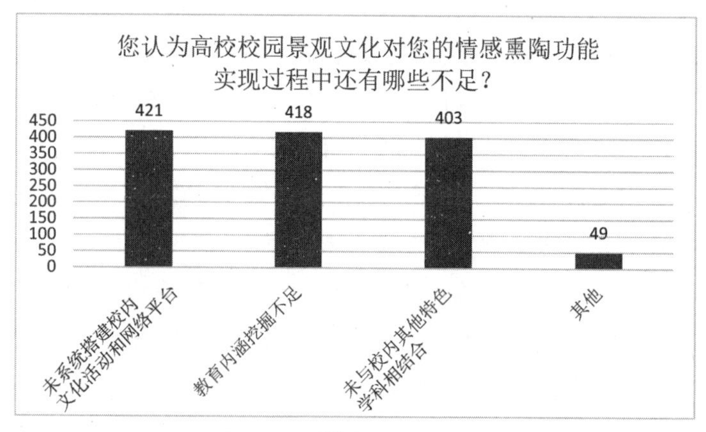

图 3.16

由此可知，第一，情感熏陶功能的实现过程并未充分结合校内活动平台和网络平台，未全面形成系统化建设。部分校园景观文化的情感熏陶功能仅依托单一的平台来实现，并未实现思想政治教育理念的转变，并未充分以自然环境为依托，充分将教育内涵赋予文化活动或网络平台之中，并未促进平台之间的相互融合，实现教育合力，全面推动情感熏陶功能的系统性平台建设，特别是低年级的学生，他们对情感熏陶功能的需求更加多元化和个性化，若平台建设缺乏形式创新，渠道单一，一定程度上会弱化情感熏陶功能的实现。第二，部分高校教育者对情感熏陶功能的教育内涵挖掘不足，无法与校内其他特色学科相结合。调研中发现，理工类专业的学生对上述两项问题反馈更加强烈，一方面，情感熏陶功能的教育内涵的挖掘依然限于哲学、社会、文化等文史类学科范畴，形式更多是以自然环境或者人工打造的雕塑为主，对理工类学科或者校内其他特色学科缺乏内涵的挖掘和融合，也未将其融入至各平台之中。另一方面，传统高校思想政治教育依然以文史类内容为主，并未注重将理工类学科内容与思想政治教育学科内容相结合，打造课程思政体系。第三，部分高校教育者对情感熏陶功能重视程度不足。部分教育者仅重视日常的理论教学工作，忽视受教者的内在成长，对文化育人机制的实效性不完全认可，这一定程度也会影响平台的系统性建设，影响情感熏陶功能的实现。

3.3.4　发挥凝聚激励功能的教育主体能动性不足

因凝聚激励功能的实现需要充分发挥教育者或者受教育者的主体意识，目前，部分高校在实现凝聚激励功能时没有充分发挥教育主体意识，形成强大的精神动力。本书设置“您认为高校校园景观文化对校内全体师生的凝聚激励功能实现过程中还有哪些不足”的调查问卷（见图 3.17），在“部分教育者缺乏对凝聚激励功能的教育资源挖掘、校园景观文化的凝聚激励功能发展与个人无关、缺乏趣味性对青年人的吸引力不大”三个选项中，近 2/3 的学生选择部分教育者缺乏对凝聚激励功能的教育资源挖掘，这其中约 70% 的学生为高年级学生，约 30% 的学生为低年级学生，约 80% 为研究生，约 20% 为本科学生；约 1/3 的学生选择校园景观文化的凝聚激励功能发展与个人无关，这其中约 70% 的学生为低年级学生，约 30% 以上的学生为高年级学生，约 70% 为本科学生，约 20% 为研究生；

约 1% 的学生选择缺乏趣味性对青年人的吸引力不大。

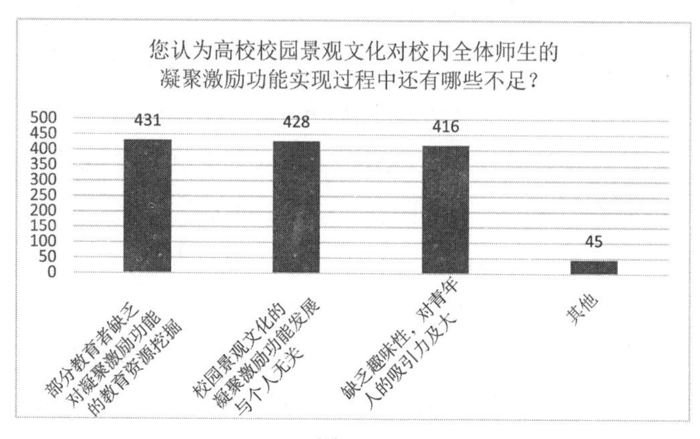

图 3.17

基于以上调研可知，第一，部分教育者缺乏对实现凝聚激励功能教育内容的挖掘。因凝聚激励功能的实现离不开统一的价值理念和道德准则等因素，因此，要充分实现凝聚激励功能就要将这些统一的价值理念不断进行归纳、整理，并将其精神内涵赋予在景观文化之中。然而，在实际的思想政治教育过程中，因不同高校管理制度、办学理念、财务制度等相关因素影响，使部分教育者无法对统一的精神内涵进行系统整合和归纳，削弱了教育者挖掘教育内涵的主体能动作用，一定程度上影响了凝聚激励功能的实现，特别是高年级的研究生对凝聚激励功能价值的认识更加深刻，因此更加重视教育主体在实现凝聚功能的地位。第二，部分教育者缺少以受教育者需求和特点为导向的教育理念。部分教育者并未遵循一定的思想政治教育规律，因“人”而导，从而无法发挥受教育者的主体能动性，弱化了受教育者为实现凝聚激励功能发挥的能动作用。第三，部分受教育者缺乏对凝聚激励功能实现的主体责任意识。特别是低年级的本科学生群体，他们无法主动感知凝聚激励功能的精神内涵，并未充分将个人需求主动反馈给教育者，他们认为个人的思想道德水平的提升无法强化凝聚激励功能，长此以往，导致凝聚激励功能的实现缺乏内生发展动力支撑。

3.3.5　实现示范辐射功能的教育环境未形成联动机制

为充分实现示范辐射功能，增强社会对高校校园景观文化的了解，应充分将高校校园景观文化优秀的教育价值和内涵引入社会，从而对社会产生积极的影响。然而，部分高校还未全面实现校内校外环境的互动，也未形成两者互动的具体机制。本书设置“您认为高校校园景观文化对社会的示范辐射功能还有哪些不足”的调查问卷（见图 3.18），在“校内校外联动不紧密、实现方式流于表面化形式化、实际效果跟踪和反馈难度大”三个选项中，近 2/3 的学生选择校内校外联动不紧密，这其中约 70% 的学生为高年级学生，约 30% 的学生为低年级学生，约 80% 为本科学生，约 20% 为研究生；约 1/5 的学生选择实现方式流于表面化形式化，这其中约 80% 为本科学生，约 20% 为研究生；约 10% 的学生选择实际效果跟踪和反馈难度大，这其中约 70% 为本科学生，约 30% 为研究生。

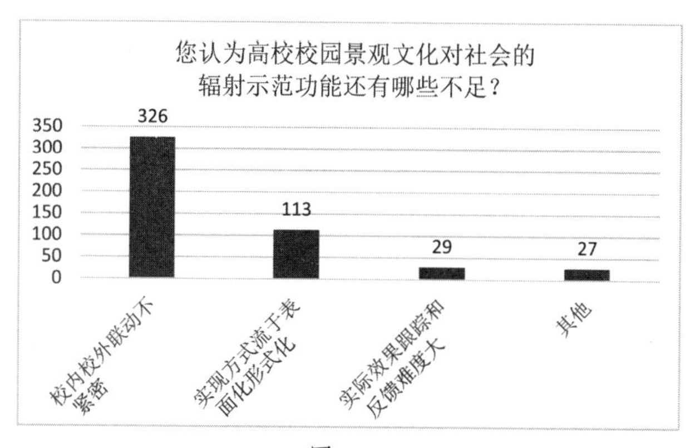

图 3.18

以上表明，第一，部分高校校内校外环境联动不紧密。特别是即将步入社会的本科高年级学生，他们积极投身社会实践中，将景观文化优秀的教育内涵融入至他们的社会实践过程中，使受教育者能够将校园景观文化的育人优势充分展现出来，从而产生一定的示范作用。然而，部分高校并未围绕景观文化来系统规划设计校内校外环境相联动的长效机制，从而无法将高校景观文化的育人优势进行示范，一定程度上影响了示范效果。第二，部分高校示范辐射功能实现形式存在表面化、形式化问题。部分高校校内校外结合的实践活动形式流于表面，不注重内涵，形式化现象也较为明显，致使受教育者，特别是高年级本科学生对示范辐射功能缺乏一定的认识，进而影响了对外部环境的辐射作用。第三，部分高校缺少对示范辐射功能的长效跟踪和反馈机制。因部分高校暂未形成校内校外全面互动机制，校园景观文化育人模式及其功能并未得到应有的重视和充分的发挥，加之高校校园景观文化育人的实效性影响因素较为复杂且社会的不确定性影响因素较多，致使针对校园景观文化的育人功能效果反馈的平台和机制不健全，无法形成高校校园景观文化示范辐射功能实效性的反馈渠道，一定程度影响其示范辐射功能的加强。

3.4 影响高校校园景观文化思想政治教育功能实现的原因分析

3.4.1 部分教育者对教育规律和方法缺乏深入理解

现阶段高校思想政治教育主要以思想政治理论课为主要形式，教育者主要以课堂作为主渠道开展思想政治教育工作，并运用理论教育、批评教育、预防教育、反复教育等传统教育方法实现思想政治教育目的。然而，随着高校思想政治教育工作的不断发展完善，以及受教育者思想、心理、行为的形成过程和规律逐步发生转变，当教育者的教育手段不恰当，或是对受教育者思想品德形成规律认识不深入时，会导致受教育者在接受思想政治教育过程中产生抵触情绪，出现不配合的行为，甚至与教育者走向对立，这无疑给高校思想政治教育工作带来一定挑战。出现上述情况主要原因有两方面：第一，当代大学生大多数为“00后”，大学阶段，他们正处于身体和心理发展变化的重要阶段，也是各种思想观念发生转变的阶段，虽然处于这个阶段的受教育者会呈现诸多不稳定、个性化特点，但受教育者在这个发展阶段也会出现带有共性的心理特点、行为习惯、思想倾向，他们大都呈现出精力充沛、好奇心强、想象力丰富、思想单纯、情绪化明显、追求独立个性的普遍性和规律性的特点，同时，他们也因各自成长经历和性格差异，呈现出明显的差异化，这些因素无疑给教育者分析和把握思想政治教育规律带来一定难度。第二，由于经济全球化程度不断加深和我国改革开放日益扩大，我国经济社会快速发展，社会生活水平显著提高，尤其是互联网给世界信息传播方式带来革命性转变，西方国家的思想观念、意识形态、低级庸俗的商业化事件以及文化产物，也通过互联网逐步侵袭乐于接受新鲜事物的部分大学生的思想意识观念，使部分大学生滋生出拜金主义、享乐主义、个人主义等不良思想，而部分高校网络舆论阵地管理机制的转变速度无法与社会发展保持一致，部分教育者对网络信息的反应略显不足，尤其是缺少对以网络为主的思想政治教育阵地的全新教学方法和教育理念的思考和学习，从而影响其对于思想政治教育新规律和新方法的认识和探索，致使他们不能正确看待和运用高校校园景观文化的思想政治教育功能，从而影响校园景观文化的育人功能的实效性。

3.4.2　个别高校对思想政治教育管理工作的重要性认识不足

思想政治教育管理是指思想政治教育领导部门、主管机构及行政管理人员，运用计划、组织、指挥、协调和控制等管理手段，对思想政治教育资源进行有效整合，以实现思想政治教育目的和任务的过程。[①]高校校园景观文化是近年来思想政治教育教学探索的一种全新形式，因此，部分高校对校园景观文化的系统性规划重视程度不够。通过深入访谈调查，主要表现在以下三个方面：第一，部分高校由于缺乏专项资金或由于对高校校园景观文化认识不足，导致他们无法将高校校园景观文化建设进行顶层设计，也无法确立高校校园景观文化的发展规划、发展方向、教育内涵，使得高校校园景观文化建设发展无法真正落地，进而无法协调和调动各部门的人、财、物等资源来集中保障校园景观文化体系的建立。第二，少数高校的文化宣传等行政部门缺少以高校校园景观文化为中心的文化体系的规划，暂未针对高校校园景观文化及其功能进行系统的整理和归纳，缺少对高校校园景观文化的教育内涵和教育意义的整理、挖掘、宣传、弘扬，甚至部分高校在校区扩建和更换中丢弃了原有的具有代表性的校园景观文化。第三，高校思想政治教育教学工作队伍对校园景观文化的了解和认知水平参差不齐，有待进一步提升。最好能建立一支校园景观文化实践教学专业教师队伍以保障景观文化实现其教育目的。另外，在思想政治教育过程中，一些高校仍未形成校园景观文化育人功能实效性的反馈机制，换言之，即未形成有效机制实现对高校校园景观文化的思想政治教育效果的有效跟踪和反馈，未能及时发现其思想政治教育功能实现的不足之处，并针

① 张耀灿，陈万柏．思想政治教育学原理 [M]．北京：高等教育出版社，2015:269.

对问题进行及时的评估和调节。

3.4.3 少数高校的教育载体未充分运用

高校为达成教育任务、实现教育目的、完善教育内容，必须要依托一定的教育载体。高校校园景观文化因其独特的精神内涵、多样的物质形态、润物无声的育人形式、丰富的承载容量，使其可与文化载体、活动载体、网络载体等教育载体灵活地结合，使教育载体与景观文化两者相互促进、相得益彰，来提升高校思想政治教育工作质量。然而，通过深入的访谈发现，少数高校思想政治教育载体并未全面建成，主要体现在以下三个方面：第一，少数高校并未深入思考校园景观文化的教育功能。校园内物质景观在设计之初多用于美化校园环境，部分高校对其所蕴含的教育价值、功能等的思考并不深入、全面。另外，也缺乏对景观文化与思想政治教育功能关系的梳理探究，导致对校园景观文化这一崭新教育载体的重视程度不足，势必会弱化其思想政治教育功能的发挥。第二，部分高校校园景观文化与其他活动载体相结合时缺乏系统规划。如部分高校在开展节日纪念、志愿服务活动、走访参观、学科知识竞赛、理论讲堂等各种实践活动时，缺少系统的规划和安排，不能将各类实践活动与校园景观文化紧密结合形成有效的育人形式，不仅弱化实践活动的育人效果，也影响了高校校园景观文化的育人功能。第三，高校校园景观文化对网络载体的应用不全面。当前，微博、微信、抖音、B 站等自媒体网络平台发展迅速，但部分高校并未有效利用这些平台对本校校园景观文化进行大力宣传和推广，部分高校依旧以传统的校内报刊、杂志、校内网等平台对校内自然环境和景观通过照片和文字介绍等形式进行展示，由于受教育者日常对这些传统平台浏览频次较少，导致其对校园景观文化了解较少，从而影响其思想政治教育功能的发挥。由此可见，新兴网络平台已经成为高校思想政治教育工作新的阵地，也必将成为提升高校思想政治教育工作质量的助推器。若依然固步自封，不能加强对新兴网络平台的重视，那么就无法实现教育者和受教育者之间更深入的交流互动，也就无法形成思想政治教育工作的三全育人体系，无法实现全员、全方位、全过程育人模式。因此，为使高校校园景观文化的育人功能够充分发挥，建成、建好、宣传好、利用好校园景观文化这一思想政治教育载体变得尤为重要。

3.4.4 部分高校教育主体的主观能动性发挥不充分

高校中教育者和受教育者都是校园景观文化的建设发展主体，他们不仅是高校校园景观文化的体验者和感受者，同时也是高校校园景观文化的创造者和宣传者，二者都在高校校园景观文化建设发展过程中发挥了主体作用，在实践中赋予高校校园景观文化更多内涵和形式，为高校校园景观文化内涵发展注入更多内生动力。然而，在思想政治教育过程中，部分教育者和受教育者对建设校园景观文化的主观能动性不强，具体体现在以下三方面：第一，部分教育者对高校校园景观文化重视程度不足。因管理理念和认知的局限，部分教育者对景观文化育人这种隐性教育方式的了解程度较低，认为景观文化这种全新的育人方式的教育效果在短时间内无法充分体现。第二，部分教育者侧重理论教育，缺少对受教育者德行的培养。由于不能主动挖掘、创新提升受教育者价值观念、道德行为等综合素质的教育内容、教育载体，致使教育者在高校校园景观文化的发展过程中欠缺一定的主体意识。第三，部分受教者忽视其个人思想行为对高校校园景观文化发展的促进作用。部分受教育者缺少高校发展的责任意识和大局观念，认为高校校园景观文化的发展与个人无关，同时，由于缺少对校园景观文化所蕴含的丰富的教育内涵的了解和把握，也使其不能自觉接受校园景观文化的教育和感染，更不能为校园景观文化建设发展贡献自己的力量。因此，教育者和受教育者作为高校思想政治教育过程中的主体，都会深刻地影响高校校园景观文化的建设发展，假使他们的主观能动性不强，极易使两者在高校校园景观文化发展建设中产生懈怠消极情绪，对高校校园景观文化的发展建设有着不可估量的消极影响。由此可见，高校中每个个体都是校园景观文化建设发展的主体，应充分发挥他们的主观能动作用来更好地实现校园景观文化的思想政治教育功能。

3.4.5 一些高校内外部环境未形成教育合力

高校思想政治教育内部环境主要包括由高校校园景观文化长期营造的积极向上的、带有高校特色的思想政治教育文化氛围；而高校外部教育环境主要是由社会文化营造出的带有一定社会和时代特征的文化环境。随着高校职能拓展，高校思想政治教育的内外部环境的沟通和交流也进一步增强，使二者在相互作用、相互借鉴的基础上产生了良性互动。这种良性的互动既丰富了高校校园景观文化的教育内涵，也拓展了高校思想政治教育工作的覆盖范围，同时也为社会文化的进一步发展提供了良好示范。然而，在高校思想政治教育工作中，一部分高校并不能同等看待内部、外部环境在思想政治教育中的作用，更不能将内外部环境在相互作用中产生的教育合力应用于思想政治教育之中，具体体现在以下两个方面：第一，部分高校不能有效依托外部环境和优势来开展各项文化活动和教育教学实践，仅能够利用现有的内部教育环境来开展思想政治教育工作，使得校园景观文化在其育人过程中脱离了社会文化和时代潮流，不利于校园景观文化教育内涵的丰富。第二，高校对社会文化的引入缺少明确的机制，无法为内外部环境的互动提供制度保障，给内外环境的相互借鉴和相互作用带来一定的阻碍。同时，社会文化是积极与消极、先进与落后的辩证统一，少数高校不加批判地将社会文化全部吸收进来，这样会对受教育者造成一定思想和行为上的困扰，也在一定程度上弱化了高校校园景观文化的育人功能。这也给内外部环境相互配合从而发挥最大教育功效带来一定挑战。

本章在调查研究的基础上，对调研数据进行充分的整理分析，从高校校园景观文化思想政治教育功能的实现，实现过程中的问题及相应的原因分析三个方面展开思考和分析，从而使本书在理论基础上有了数据的支撑，为后续高校校园景观文化思想政治教育功能实现路径的提出提供了理论和现实的依据。

4　充分发挥高校校园景观文化思想政治教育功能的实现路径

基于对高校校园景观文化的思想政治教育功能进行的理论阐释与实践调研，本章旨在将理论与实践充分结合，从实现高校校园景观文化思想政治教育功能所遵循的基本原则出发，并从以下四个方面来探讨充分实现高校校园景观文化思想政治教育功能的具体路径：第一，重视景观文化建设的顶层设计；第二，丰富景观文化的育人载体；第三，拓展景观文化的育人方法；第四，优化景观文化育人的内外部环境。

4.1　加强高校校园景观文化思想政治教育功能遵循的基本原则

充分发挥高校校园景观文化的思想政治教育功能所遵循的基本原则包括理论性和价值性相统一、统一性和多样性相统一、主导性和主体性相统一、适应性和继承性相统一四个方面。在高校校园景观文化实现其思想政治教育功能过程中，只有始终遵循这四方面原则，才能牢牢把握高校校园景观文化的思想政治教育功能的方向。

4.1.1 理论性和价值性相统一

最初，高校思想政治教育以系统的理论教育为主要教育形式，旨在以深刻、纯粹的理论说服和引导受教育者，从而培养其成为社会主义合格的建设者和可靠的接班人。随着社会的不断变革，高校职能和思想政治教育方式也发生极大变化，使得教育者开始积极探索思想政治教育工作新方式，并将渗透式育人模式应用至高校校园景观文化育人的教育实践中，使其成为高校思想政治教育的创新育人形式。围绕高校校园景观文化开展各项思想政治教育工作，无论是以景观文化为核心的理论课程，抑或是以景观文化为核心的主题实践活动、重大节庆日和革命纪念日、经典诵读会、志愿服务活动等实践教育活动，既增强了学生对景观文化所蕴含的中国特色社会主义文化的了解和认同，也锻炼了学生的社会实践能力，弘扬发展中国特色社会主义文化，同时，在思想政治教育实践过程中也传达出中国特色社会主义的主流意识形态和社会主义核心价值观，将社会主义的价值理念寓于校园景观文化之中，从而潜移默化地对受教育者产生积极正向的影响，体现出以人为本、实现人的全面发展的教育价值和意义，既实现了高校思想政治教育目的和任务，体现了景观文化所蕴含的马克思主义科学理论内涵和丰富的学科理论知识，也涵育了受教育者的思想价值观念，为受教育者奠定重要的理论和实践基础，为充分发挥高校校园景观文化的思想政治教育功能提供了必要的基本遵循。

4.1.2 统一性和多样性相统一

高校校园景观文化发挥其思想政治教育功能过程中所遵循的统一性原则是指在领导核心、教育方向、育人目标、教育方针等方面具有一致性。我国是中国共产党领导的社会主义国家，这就决定了我国高校的教育目标和任务是培养拥护党的领导和社会主义制度、为国家富强和民族振兴奋斗终身的有用人才，决定了我国高等教育的发展方向要始终坚持中国特色社会主义教育发展道路，也决定了我国高校要在全面贯彻党的教育方针基础上开展各项工作，正如习近平同志在清华大学考察时强调："我国高等教育要立足中华民族伟大复兴战略全局和世界百年未有之大变局，为服务国家富强、民族复兴、人民幸福贡献力量。广大青年要肩负历史使命，努力成为堪当民族复兴重任的时代新人。"[①] 故高校内的师生都要在高校党委的统一领导之下，肩负时代赋予的历史使命，为第二个百年奋斗目标贡献自己的力量。然而，由于各个高校所在地区具有不同的地域文化、地理风貌，也具有显著差异的大学精神、历史文化、办学优势和学科特色，加之各个高校受教育者的情况也千差万别，因此，校园景观文化在实现其价值导向、行为约束、凝聚激励、情感熏陶、示范辐射各个功能过程中都要遵循统一性原则，注重在景观文化表现方式及其教育内涵的一致性，更要突出本校文化特色和独有的大学精神内涵，因时、因地、因人制宜，充分与思想政治教育各个要素紧密结合，共同挖掘并发挥其思想政治教育功能，这样才能保证高校校园景观文化历久弥新、与时俱进，实现高校历史文脉的更新与传承。

4.1.3　主导性和主体性相统一

高校校园景观文化之所以能够充分发挥其思想政治教育功能，关键要充分遵循以人为本的重要原则。首先，高校校园景观文化的规划、建设、发展、内涵挖掘等各方面工作，都离不开教育者在整个过程中所起的主导作用。他们制定教育目标及教育方案，协调各

① 习近平 . 清华大学考察会议上的讲话 [R].2021-04-19.

教育要素，不断挖掘各学科丰富的思想政治教育资源，比如红色文化资源、四史内容、高校所在城市历史文化资源等，给予受教育者必要的思想价值引领，激发受教育者主观能动性，使其在不知不觉的隐性教育过程中逐渐向教育者所要求的方向发展。其次，我们也应充分意识到所有校园中的教育者和教育对象都是高校校园景观文化的创造者和建设者，全体师生在思想政治教育过程中都要充分发挥其主体作用，发挥主观能动性，积极探索高校校园景观文化的全新内涵、表现形式、实现方式等，通过教育主体与高校校园景观文化的良性互动，可促进高校校园景观文化的创新与发展。最后，高校校园景观文化教育功能的实现方式为隐性教育，因其教育内容的广泛性和教育方式的隐匿性，能够弥补显性教育的不足之处，更好地体现受教育者的主体性，另外，因受教育者认知规律和个性特点的不同，高校校园景观文化在发挥思想政治教育功能过程中要根据受教育者不同的主体需求和特点选择不同的教育内容和方法，这样才能将校园景观文化的教育功能充分发挥，因此，充分发挥高校校园景观文化的思想政治教育功能应将主导性和主体性相结合。

4.1.4　适应性和继承性相统一

习近平同志在全国教育大会强调："提升教育服务经济社会发展能力，加快一流大学和一流学科建设。"[①] 在全面对外开放的社会大背景下，高校职能也从传授知识不断向外拓展，新增了对外交流、服务社会等全新职能，因此，高校校园景观文化也要以一种更开放和包容的姿态，不断适应时代和社会的发展要求，不断包容更多符合当下主流意识形态和社会先进文化的教育内容，并促进二者有机结合、共同发展。继承性原则主要包含两个方面：一方面，是指高

① 习近平 . 全国教育大会议上的讲话 [R].2018-09-10.

校校园景观文化应合理地继承和吸收中华优秀传统文化和红色文化。习近平同志在学校思想政治理论课教师座谈会上强调："中华民族几千年来形成了博大精深的优秀传统文化……为思政课建设提供了深厚力量。"[①] 高校校园景观文化作为强化高校思想政治教育工作的独特教育资源，是高校思想政治教育实现文化育人的重要教育方式，其教育内容不仅应借鉴当今时代最新国内外文化，更应充分继承和吸收与本校和学科发展相关的中华优秀传统文化。同时，习近平同志在党史学习教育动员大会上强调："要教育引导全党大力发扬红色传统、传承红色基因，赓续共产党人精神血脉。"[②] 可见，这种红色文化资源已经成为高校校园景观文化可借鉴的重要教育资源。将红色文化融入校园景观之中，景观文化带有的红色文化基因也充分深入高校建设，增强景观文化的教育功能。因此，中华优秀传统文化和红色文化可以促进高校校园景观文化升级，为形成优秀的校园品牌文化提供动力和源泉，也为更好地实现其思想政治教育功能提供有力保证。

另一方面，应继承和保护现有高校校园景观文化。随着高校的发展，校区的重建和搬迁成为各大高校的普遍现象，这势必对高校校园景观文化造成一定程度的损坏，甚至使其彻底消失，从而造成高校校园景观文化的断层。此外，高校校园景观文化逐渐出现趋同化现象，即校园景观文化所蕴含的教育内容和教育内涵都趋于相同或相似，上述现象对高校校园景观文化和高校长远发展是十分不利的。因此，高校应重视搬迁或重建过程中遗留的景观文化并进行保护和适当修缮，使高校校园景观文化得以延续发展，并应充分将高校历史文脉得以传承，为高校发展提供不竭的精神动力。同时，高

---

① 习近平 . 学校思想政治理论课教师座谈会 [R].2019-03-18.

② 习近平 . 党史学习教育动员大会 [R].2021-02-20.

校景观文化应充分考虑与高校相关的城市历史文化特色、学科特色、校园文化特色等独特文化内容，形成专属高校的景观文化品牌，这样才能有助于传承高校的文化底蕴，为高校的深远发展提供有力支撑。

4.2　实现高校校园景观文化思想政治教育功能的具体路径

4.2.1　重视景观文化建设的顶层设计

第一，发挥党政领导部门对高校校园景观文化的系统规划和组织协调作用。

党的十九届五中全会发布的《中共中央关于制定国民经济和社会发展第十四个五年规划和二〇三五年远景目标的建议》指出："坚定文化自信，坚持以社会主义核心价值观引领文化建设，加强社会主义精神文明建设，围绕举旗帜、聚民心、育新人、兴文化、展形象的使命任务，促进满足人民文化需求和增强人民精神力量相统一，推进社会主义文化强国建设。"[①] 足以体现我国在新时代背景下实现文化育人的重要性。教育部等八部门联合发布的《关于加快构建高校思想政治工作体系的意见》指出："要把高校思想政治工作摆到重要位置，切实加强组织领导和工作指导。各高校党委要全面统筹各领域、各环节、各方面的资源和力量。"[②] 因此，高校党政领导部门要切实落实将文化育人与思想政治教育相结合的组织领导和工作协

① 中共中央政治局．中共中央关于制定国民经济和社会发展第十四个五年规划和二〇三五年远景目标的建议 [EB/OL].(2020-10-29)[2021-06-01].http://www.gov.cn/zhengce/2020-11/03/content_5556991.htm.

② 教育部等八部门．关于加快构建高校思想政治工作体系的意见 [EB/OL].(2020-04-22)[2021-02-26].http://www.gov.cn/zhengce/zhengceku/2020-05/15/content_5511831.htm.

调工作，这也是高校校园景观文化思想政治教育功能得以充分发挥的重要前提。

首先，高校党政领导部门应高度重视对校园景观文化的顶层设计，党政领导部门应树立全新的管理理念，充分肯定高校校园景观文化在思想政治教育过程中的功能和价值，将高校校园景观文化的建设和发展提升至学校战略发展高度，以强化校园景观文化的育人理念。将高校校园景观文化的建设安排纳入党政领导的直接统筹管理范围，从源头抓好高校校园景观文化得以发展的关键“牛鼻子”，牢牢把握校园景观文化的发展方向，合理规划景观文化育人的机制，为校园景观文化长期建设和繁荣发展的具体方案和计划的制定奠定坚实基础。

其次，高校党政领导部门应积极组织和协调一切有利于校园景观文化建设发展的人财物等要素，充分调动各方积极性，共同形成发展合力。高校校园景观文化的建设和发展不是一蹴而就的，这就决定了在其发展和建设过程中要制定一个常态化的机制，由高校党委领导带头落实主体领导责任，其他领导班子成员落实直接领导责任，统筹协调推进高校校园景观文化规划、建设、教育资源挖掘、监督工作，并不断调整和优化以景观文化育人理念的工作办法，确保校园中形成长期的、有效的景观文化育人氛围，进而使高校校园景观文化的发展建设工作顺利完成。

再次，在高校党政领导部门中，党委宣传部门承担着高校精神文化的宣传、校园文化氛围的营造工作，也是高校校园景观文化思想政治教育功能得以实现和提升的重要保障部门。如沈阳建筑大学在学校党委的大力支持下，由党委宣传部牵头组织申请并获批“三全育人”综合改革试点高校，并充分挖掘和宣传校园景观文化特色，将文化、育人、学科特色三者相结合，挖掘校内思想政治教育特色历史文化资源，拓展高校思想政治教育工作思路和方法，形成以高校校园景观文化为特色的思想政治教育育人氛围和以高校课程思政为协同机制的发展创新，为其他高校思想政治教育工作提供全新思路和典型示范。由此可见，党政领导部门对高校校园景观文化建设起着至关重要的作用。

第二、提升高校思想政治教育队伍对校园景观文化的理解和专业素养。高校思想政治教育工作不同于社会其他教育工作，拥有一批政治觉悟高、道德情怀深、专业素养强、视野格局广的思想政治教育工作队伍是高校校园景观文化思想政治教育功能得以实现的关键。高校思想政治教育工作队伍包括高校思想政治理论课教师、专职辅导员教师、从事课程思政的教师三大群体。三者在教育教学过程中都会对学生价值观念、道德行为、专业知识水平产生直接影响。因此，这批队伍对校园景观文化教育内涵、教育价值和教育功能的认识和理解，均为影响校园景观文化充分发挥思想政治教育功能的重点。所以，必须要加强三者对高校校园景观文化的理解和专业素养。

首先，高校思想政治理论课教师应充分意识到不同高校有着不同的历史传统、学科优势、办学特色等，应充分挖掘本校的高校校园景观文化，将其作为高校重要的思想政治教育育人载体和高校独特文化品牌标识，全面依托高校校园景观文化平台，诸如校内历史建筑、雕塑、校史馆、植物景观等特色景观文化资源，予以其大学特色精神文化底蕴和内涵，通过开展实践教学与理论教学相结合的思想政治理论课，从而培养带有本校特色文化内涵的学生。高校思想政治理论课教师应将校园景观文化作为开展思想政治教育的重要资源，构建内涵丰富的、全面的、具有思想政治教育烙印的景观文化。以往高校思想政治理论课教师主要以课堂讲授理论为主，受教育者无法在短时间内透彻理解抽象的理论。思想政治理论课教师应更加深刻地意识到校园景观文化不仅是自然美和人工美有机结合的典范，也是很好的思想政治教育资源和素材，应充分挖掘如爱校荣校教育、理想信念教育、爱国主义教育、人生观道德观教育等景观文化所蕴含的理论教育内容，并巧妙地将理论教育内容寓于校园景观文化的实践教学之中，激发学生对理论内容的兴趣，启发学生对于世界观、人生观、价值观的思考，使学生在实践中不仅学习到专业理论知识，提升学生的自我认知水平，也使教师在教学过程中加深对高校校园景观文化的理解。

其次，高校从事课程思政的教师也应从学科特色出发，深入挖掘具有本学科特色的校园景观文化教育资源。近日，教育部印发的《高等学校课程思政建设指导纲要》指出："课程思政建设要在所有高校、所有学科专业全面推进。"[①]因此，高校各学科教师也承担着思想政治教育的重要使命，与思想政治理论课教师同心同向同行，应积极搭建不同学科思想政治教育资源共享机制，通过加强校内校外交流和培训，增强课程思政育人本领，根据自己学科特点和育人目标充分挖掘校园景观文化特色教育资源，有机地将思想政治教育要素融入专业课教学中，全面挖掘思政教育元素，实现思想政治教育价值性和学理性相统一和全课程协同育人机制。比如，中国医科大学的校园景观文化充分借鉴了建筑学、生态学等学科内容，将蜿蜒的水面造型设计为象征医学的"蛇杖"造型，既体现了医学专业特色，又可以从医学"蛇杖"的背景和内容出发进行医学伦理的教育，进而强化全体师生对"红医精神"的认同和尊崇，形成高尚的医学信仰。

---

① 教育部.高等学校课程思政建设指导纲要[EB/OL].(2020-06-01)[2021-02-26]. http://www.moe.gov.cn/srcsite/A08/s7056/202006/t20200603_462437.html.

再次，高校专职辅导员也应充分理解景观文化教育内涵，大力依托校园景观文化向大学生开展思想政治教育。辅导员因其工作性质，对受教育者的学习和成长都可实时了解，同时，辅导员个人的价值取向和对待生活学习的态度也直接对受教育者的思想观念产生影响。辅导员应加强利用校园景观文化进行思想政治教育的能力，从受教育者的成长规律和心理特点出发，将校园景观文化所传达的教育内容从学习生活各个方面渗透性地传递给受教育者，完成其在思想政治教育工作一线担负的榜样示范和价值引导使命，从而进一步实现高校校园景观文化思想政治教育功能。比如，大连理工大学辅导员依托本校特色景观文化，为毕业生打造专属订制的刻有校名、校徽、校训和毕业生本人姓名的印章，创新学位授予仪式，让每一名毕业生都能上台感受毕业仪式的神圣庄严，让每位毕业生对踏过红地毯接受学位授予的经历难以忘怀，充分将高校景观文化及其内涵融入至学生思想政治教育工作的各个方面，不仅创建和发展本校特色文化，也培养出本校学生爱校荣校的责任感和归属感。可见，无论是高校思想政治理论课教师、从事课程思政的教师、专职辅导员队伍都应该不断提升自我综合素质，努力创新思想政治教育教学形式，充分依托高校校园景观文化，引导受教育者树立正确的价值取向、正确的人生态度，培养认真的治学精神、专业的学科素养，为高校校园景观文化发展增添新的动力。

第三，完善高校校园景观文化的思想政治教育工作成效的评估和反馈机制。对高校校园景观文化育人的实际效果进行评估和反馈是高校思想政治教育工作的必然要求。随着高校思想政治教育工作深入发展，传统经验式的评估和反馈形式显然已经无法适用当下的思想政治教育工作，尤其是针对景观文化的思想政治教育功能，由于其育人的潜隐性和长期性，其工作成效很难进行量化的评估和反馈，并做出准确的评价，若没有科学合理的评价反馈细则，则无法做出准确的评估和反馈。因此，建立一套良好的评估和反馈机制应该逐步纳入当下校园景观文化育人工作之中，从而保障校园景观文化育人功能的充分发挥。

首先，教育部于2020年出台《全国高校文明校园测评细则》，该细则内容详尽，提供检验校园文化建设成效的详细标准，也为高校校园景观文化思想政治教育功能教育实施质量的量化测评提供了参考标准和科学依据。此外，高校应同时搭建高校校园景观文化信息收集和反馈平台，包括高校的党团系统平台、学生会系统平台、思想政治教育系统平台、校园活动系统平台、易班平台等，多管齐下，确保渠道的畅通，同时也确保信息收集和反馈的及时性和准确性。比如，沈阳建筑大学易班平台以学生需求为导向，遵循“内容为王”的建设规律，累计学生注册人数为两万余人，微社区访问量达44万，公共群565个，通过景观微课堂来对景观文化的育人功能进行有针对性的信息收集和反馈。

其次，高校督导组要以上述细则为参照，成立专门的思想政治教育质量评估督导工作组，制定符合高校实际的高校校园景观文化思想政治教育功能实效性发挥状况的量化评估方案和标准，质量评估督导工作组还应走访并利用线上线下各个渠道进行信息收集，对高校校园景观文化思想政治教育功能发挥现状进行系统分析和评估，并就其实效性进行跟进和督导，以保障评估反馈各项工作的顺利进行。

再次，高校通过网络调查法、问卷调查法、访问调查法、抽样调查法等方式进行反馈信息的整理及分析，对反馈信息进行总体评估分析，找出高校校园景观文化思想政治教育功能实效性发挥的不足之处，依此制定反馈工作的机制，这样不仅可以对高校景观文化思想政治教育功能实现现状进行客观的、动态的管理，全面提升高校思想政治教育工作管理质量和水平，也可以为党政领导部门对校园景观文化的系统规划提供科学的决策依据。

4.2.2 丰富景观文化的育人载体

第一，开展以高校校园景观文化为中心的主题文化活动。高校校园文化活动是高校思想政治教育的活动载体，在一定程度上丰富了思想政治教育的育人形式。教育者有意识地组织开展各种文化活动，并将文化活动赋予一定主题，可以使参与者在活动中切实感受主题所表达的教育目标和教育内容。高校通过开展丰富多彩的主题文化活动，可以促进受教育者与教育者的双向互动交流。高校校园景观文化由于其丰富的承载力和隐性育人特点，教育者可以主动挖掘高校校园景观文化的教育内涵，开展以高校校园景观文化为中心的主题文化活动，这种活动形式丰富多彩且紧跟时代发展特色，既符合受教育者的个性特征，也能强化价值引领，因此能充分满足他们对校园文化活动的期待。比如，辽宁大学依托校园内马克思塑像及其文化背景，开展主题为“五项学习行动”的文化活动，成立当下较为流行的宣讲快闪小分队，并通过举办经典著作读书会、“礼敬马克思”等活动，用马克思主义经典著作来重塑受教育者思想价值观念。另外，教育者可根据高校学科特色以及历史文化特色找寻有教育价值和符合时代特色的主题景观文化并依此开展主题教育活动，比如，辽宁石油化工大学依托抚顺雷锋纪念馆这一红色教育基地的资源优势，举办主题为“雷锋精神与初心使命”论坛，通过交流研讨的形式对受教育者进行深层次启迪，从而将特色教育资源与思想政治教育相结合，提升特色育人资源的思想政治教育功能，展现出红色文化的特色育人优势。同时，可将高校校园景观文化与重大纪念日、校内外社会实践、公益志愿服务、中国传统节日、创新创业、绿色校园活动等相结合，形成一批极具校园文化特色、主题鲜明、符合时代发展要求的主题文化活动，使学生在参与过程中实现自我认知、自我调节、自我激励，并涵育学生的思想品德修养，真正实现受教者的自我教育。比如，沈阳建筑大学师生为保护沈阳古建八王寺，承担建筑大学的职责，师生们将八王寺整体拆迁与重构，将其放置于校园东南角落，命名为“八王书院”，为充分挖掘古建的中华优秀传统文化教育元素，学校锁定了“状元”这个优秀学生的代名词作为主要表现元素，绘制历代状元像，打造状元墙，形成特色校园景观，并以其为主题打造各项主题文化活动，既承载着建大深厚的文化底蕴，育化建大师生，又传承了中华优秀文化精神，充分将文化自信落实至高校思想政治教育工作实处。因此，高校开展以景观文化为中心的主题文化活动，一方面，可以改变高校文化活动重数量走形式的现状，实现高校思想政治教育活动载体的创新和突破；另一方面，也可以在主题文化活动中为高校校园景观文化注入全新内涵，实现景观文化创新发展，从而更好地实现高校校园景观文化的思想政治教育功能。

第二，加强高校思想政治教育网络新阵地的建设。习近平同志在全国宣传思想工作会议上指出：“很多人特别是年轻人基本不看主流媒体，大部分信息都从网上获取。必须正视这个事实，加大力量投入，尽快掌握这个舆论战场上的主动权，不能被边缘化了。”[①]目前，高校主要以青年学生为主，他们大都通过互联网进行工作、学习、社交，由此可见，网络已经成为青年学生工作、学习、生活中不可获缺的重要平台。然而，网络中充斥着大量虚假信息、暴力新

---

① 习近平．全国宣传思想工作会议的讲话 [R].2018-08-22.

闻等低俗内容，也有宣扬西方社会价值观念和意识形态的内容，由于大多数青年学生缺乏一定的甄别和判断能力，部分信息极易左右青年学生的观念和行为，一定程度上甚至会对高校主流文化价值有所冲击，给高校思想政治教育工作带来一定挑战。高校教育者应强化网络阵地意识，积极探索网络育人新平台，并将校园景观文化建设与网络平台建设相结合，借助网络新平台大力弘扬高校校园景观文化及其内涵，积极营造良好的网络育人氛围，增强其影响力、扩大其覆盖面，为更好实现高校校园景观文化的思想政治教育功能提供有力支撑。

首先，加强网络主阵地建设，实现线上线下联动。高校要加强网络主阵地的建设，并将校园景观文化融入其中。高校可通过官方主页、官方微博、微信公众号、自媒体等网络平台对高校校园景观文化进行全方位展示和讲解，逐步形成线上景观文化全覆盖。同时，可进行线上景观文化教学，将其与线下课堂教学相结合，从而占据线上线下思想舆论阵地，加强主流文化的强势引导。比如，沈阳建筑大学加强思想引领、强化价值引导，开发线上易班平台网络育人新阵地，增强高校运用易班开展网络思想政治教育和网络文化建设的能力，以图文展播形式展示各类高校校园景观文化，并通过庆祝建党 100 周年、纪念红军长征胜利 85 周年等重要纪念日，将红色文化精神与校园景观文化所蕴含的大学精神相结合进行理论宣传教育活动，积极探索网络思想政治教育新平台的思想政治教育功能，增强校园景观文化思想政治教育鲜明的时代特色和强大的感染力。

其次，高校要提升应对景观文化所产生的网络舆情的能力。目前，依托网络平台实现校园景观文化思想政治教育功能依然处在探索发展阶段，存在很多有待完善提高的问题，因此，高校应充分加强网络思想政治教育队伍的组建，加强对校园网络和信息的关注和监管，对低俗信息进行筛选和过滤。此外，要加强网络舆情监管，针对热门线上平台及线上言论进行实时跟踪，通过制定突发事件网络舆情工作应对机制，尽早发现景观文化实现思想政治教育功能的不足之处，避免舆情过度发酵从而影响高校校园景观文化思想政治教育功能的充分发挥。针对学生密切关注和反应强烈的问题，网络思想政治教育工作队伍要及时给予反馈和答复，也可以在学生中发现并培养网络意见领袖，通过学生意见领袖的引领作用强化学生群体对高校校园景观文化教育内涵的理解和认同，从而为实现其思想政治教育功能奠定舆论基础。

第三，打造以校园实体书店为载体的高校校园景观文化新平台。近年来，移动互联网发展不仅对数字阅读和网络购书造成冲击，也对高校中实体书店的建设和发展带来严重制约，并且时代的发展变化也对高校思想政治教育工作提出了新要求。因此，我们必须高度重视校园实体书店的建设。2019 年中央宣传部、教育部等 11 部委联合印发的《关于支持实体书店发展的指导意见》指出："校园实体书店是高校重要的文化设施和文明载体，把支持校园实体书店高质量发展摆在高校思想政治和校园文化建设的重要位置。"[①] 因为校园书店不仅具有实体特点，还是一种文明载体，可以作为高校校园景观文化的重要组成部分和思想政治教育工作的辅助平台。教育者可以借助实体书店这样新的景观文化来组织学科趣味知识竞赛、学术型研讨会、学科名人讲座，增强学生对专业知识的兴趣，提升个人学习能力和学术理论水平，也可以借助实体书店景观开展大学生门店经理培养计划，引导学生运用掌握的知识技能服务师生，实现自身价值，提升实践能力，激励学生的自我成长。另外，校园实体书

① 中宣部、教育部等 11 部委 . 关于支持实体书店发展的指导意见 [EB/OL]. (2019-07-25)[2021-02-26].http://www.wenming.cn/bwzx/jj/201907/t20190725_5198089.shml.

店也蕴含着高校历史文化特色，将其与中华优秀传统文化相结合，不仅提升了实体书店的内涵，也实现了景观文化的高质量发展。当下，辽宁高校中的实体书店正以每年超过10家的速度高速发展，最终必将覆盖全省百余所高校。比如，中国医科大学红医店，曾获评“最美大学书店”，成为校园内的独特一角，中国医科大学围绕其开展高校思想政治教育、文化建设、创新创业等主题文化实践活动，逐步形成书香满校园的景观文化育人氛围。因此，高校应充分利用校园实体书店，使其作为全新的景观文化，不断探索并深入挖掘其内涵，将其打造成思想政治教育新载体和优质文化教育资源。由此可见，校园实体书店为高校校园景观文化的拓展引入全新形式，也可以为高校思想政治教育工作提供重要示范作用。

4.2.3 拓展景观文化的育人方法

高校校园景观文化是高校思想政治教育的文化资源，它采用形式更为隐蔽的方式潜移默化地对受教育者进行教育，在其发挥思想政治教育功能的过程中，体现了文化资源在育人过程中的潜隐性、渗透性特点，也体现了思想政治教育环境感染熏陶的育人功能，更体现了其时时处处的育人模式。可见，高校校园景观文化以其灵活多样的教育特点和内容丰富的教育资源拓展了思想政治教育的方法。

第一，陶冶式教育法。陶冶式教育方法是指：“在思想政治教育过程中努力营造一个健康、乐观、向上的文化氛围和教育环境，开展喜闻乐见的文化艺术活动，使人们在耳濡目染中受到思想政治教育的方法。”[①] 这种教育方法将环境作为实现思想政治教育目的的重要依托。高校中的校园景观文化可以形成有形和无形的教育环境，

---

① 郑永廷 . 思想政治教育方法论 [M]. 北京 : 高等教育出版社 ,2010:171.

当受教育者身处有形环境之中，可以陶冶于自然之美、陶冶于人化环境之美，实现以“美”育人。而在无形的环境之中，高校将多年形成的被全体师生所普遍认同的文化价值观念渗透至受教育者日常生活和学习的各个角落，形成浓厚的文化氛围，使长期浸润在其中的受教育者在不知不觉中转变其思想价值观念和行为。习近平同志在思想政治理论课教师座谈会上强调：“要坚持显性教育和隐性教育相统一。”[①] 高校校园景观文化就是显性教育和隐性教育相统一的切合点，它在遵循受教育者的心理特点和接受规律的基础上，在受教育者周围营造一定的物质教育环境和精神文化氛围，通过将教育意向和教育目的融入物质化的高校校园景观文化和良好的高校校园风尚中，引导受教育者自发地感受和体会教育目的，从而实现思想政治教育功能。隐性教育方法虽是无意识教育，但对比显性教育，这种教育方法对学生的教育影响更加持久。目前，我们可以通过多种途径来营造良好的教育氛围，完善陶冶式教育法。首先，打造教育内涵丰富的高校校园景观文化。一方面，可依托网络进行高校校园景观文化的传播，营造线上思想政治教育“场”，优化高校校园景观文化线上育人环境，营造“云上”高校文化氛围，传播高校精神，为实现高校特色发展、打造高校品牌文化提供重要保障。比如，沈阳建筑大学打造雷锋在线、线上景观微课等系列思政品牌线上专栏，以线上线下深度融合的主题育人活动开展大学生网络思想政治教育工作。另一方面，可通过线下自然环境和人文环境的设计完善，比如，沈阳师范大学不断完善基础教学设施、教学科研设施、校园内标志景观、校园自然景观等，积极建设“一像一赋”和“两馆三园”，凸显了师大特色和人文气息，打造线下文化育人环境，形成

① 习近平 . 学校思想政治理论课教师座谈会 [R].2019-03-18.

富有特色的校园景观文化品牌，从而使积极健康的校园景观文化悄无声息地感染和规范受教育者。最后，组织教育内容丰富、有益身心的校园文化活动。比如，沈阳师范大学在祖国70华诞之际，为表达校园师生对祖国的爱与祝福，展现师生开拓创新、昂扬向上的精神风貌，组织在孔子像下教师宣誓等一系列的快闪活动，这不仅可以丰富师生的校园工作学习和生活，加强师生的沟通交流，形成良好的校园人际环境，也可以强化校园育人氛围，厚植爱国情怀、爱校荣校的思想政治教育新风尚，在不知不觉中使师生陶冶于境。

第二，实践体验教育法。实践体验教育方法是指："组织人们自觉参与群众性精神文明创建活动以及社区的管理和建设，自愿参与各种生产劳动和社会服务活动，丰富实践体验，提高思想道德素质的方法。"[①] 高校校园景观文化因其独特的承载性和教育内容的多样性为高校思想政治教育提供了宝贵的实践基础，以高校校园景观文化为依托的寓教于行的实践体验式教育已经成为高校思想政治教育工作的全新尝试。教育者可以通过高校校园景观文化打造多种内涵丰富的实践教育活动，如劳动教育、社区志愿者服务、贫困地区支教、社会调查、科技发明、勤工助学等，在寓教于行中提升受教育者的实践能力和主体责任意识。如沈阳建筑大学精心打造了稻田景观文化，在校园规划阶段保留数亩稻田，建成稻田景观，每年春种秋收时节，师生们都会齐聚稻田景观共同插秧和收割，体验辛劳和收获的希望，师生们也从中体会到人与自然和谐共生的人文理念。另外，职业院校也可以根据自身办学特色打造独特的实践教学模式。比如，辽宁警官高等专科学校不断创新实践教学模式，在原有理论教学基础上，建立具有学科特色的校园景观文化，包括模拟法庭、

① 郑永廷 . 思想政治教育方法论 [M]. 北京 : 高等教育出版社 ,2010:172.

模拟派出所、模拟网络犯罪侦查及训练场所等，使学生在实践中体验、学习、感知，提升实践水平，也提升了受教育者综合素质能力。

第三，激励教育法。激励教育法是指："激发人们的主观动机，鼓励人们朝着正确目标努力的方法。"[①] 高校可运用校园景观文化所展现出的典型人物榜样或其强大的精神内涵，来激发学生内在动力，使学生能够在正确的方向上提升自我道德素养和文化水平。一方面，高校校园景观文化的激励教育方式更多是一种精神激励，是一种全体师生在多年实践中共同形成且认同的、向上的群体文化力量，这种激励方式更易激发学生的内在动力，并使其能动地将个体思想行为逐步向群体所要求的目标转化。教育者可根据不同激励对象选择不同的校园景观文化，对表现良好、学习动力充足的学生，可以通过追求更高理想和奋斗目标的校园景观文化所体现的教育内容对其进行激励引导，帮助其树立更远大的目标，激发其社会责任感和社会服务意识；对学习动力不足的学生，可以通过优秀学生的精神榜样力量来帮助其树立目标，激发学生的主观能动性，增强自信、突破自我、实现自我发展，比如，东北大学校园中优秀校友张捷迁雕像，他在科技领域取得的非凡成就和深深的爱校精神激励着一代又一代的东北大学毕业生。另一方面，高校校园景观文化也可以通过打造良好的竞争氛围，培养学生的竞争意识。高校可定期开展专业技能、文体竞赛和评比，以此来激发学生的上进心和团队合作能力，提升学生的综合素养。比如，沈阳理工大学在全国科技活动周期间，依托具有本校历史文化及学科特色的兵器博物馆开展"国防知识竞赛"和包含"唐刀四制""现代武器""国防力量"等内容的武器科普知识讲座，厚植大学生的爱国主义精神，激励学生用国防知识报

---

① 郑永廷 . 思想政治教育方法论 [M]. 北京 : 高等教育出版社 ,2010:161.

效祖国，增强他们的使命感和责任感。因此，在高校思想政治教育过程中，教育者应在充分尊重思想政治教育规律的基础上，以高校校园景观文化为依托，创造合理、丰富的激励形式以及长效的激励机制，以此保障高校校园景观文化思想政治教育功能的提升。

4.2.4 优化景观文化育人的内外部环境

我国古代著名思想家荀子指出："蓬生麻中，不扶而直；白沙在涅，与之俱黑。"[①] 这说明环境因素对人成长的重要作用。马克思主义环境观也非常重视环境对人的重要影响并指出："环境创造人。"[②] 这些都充分说明环境对人的影响之大。因此，高校思想政治教育工作者也要高度重视环境这一关键教育要素并着力打造环境育人模式。换言之，高校内部和外部环境会直接影响高校思想政治教育的实效性。

第一，加强高校思想政治教育内部景观文化环境的建设。高校思想政治教育内部环境包括高校中的自然环境、人文环境、学生文化社区环境和同辈群体环境等，高校应围绕这几个方面进行内部环境的建设。首先，高校中的自然环境本是未经人工雕琢的、天然形成的环境，高校应充分利用地域和校园地理环境，打造生态、自然、优美的自然景观和人文景观，使高校师生置身于优美的景观环境之中，以优美的景色陶冶心灵，得到身心的放松。比如，沈阳农业大学和辽宁大学充分利用校园内的银杏树等优美自然景观，在每年金秋时节组织银杏节活动，使全体师生和校外人员都能感受美丽的自然景观，领略和体验自然之美，从而有助于形成尊重自然、保护环境的理念。其次，高校应以现有自然环境为基础，依据学科特点赋

---

① 荀况等 . 荀子 [M]. 王学典 , 译 . 北京 : 中国纺织出版社 ,2007:25-30.

② 马克思恩格斯选集（第 1 卷）[M]. 北京 : 人民出版社 ,1995:92.

予其丰富的思想政治教育内涵。校园景观文化在与高校校园文化内涵保持一致的前提下，不仅要融入校园历史文化、当下时代特色等要素，在后续发展中，还要将中华优秀传统文化和地域特色文化融入校园景观文化，使其思想政治教育内涵得到深入发展思想政治教育功能得以逐步拓展。这种教育情景的创设可以应用到高校各项教育教学、实践活动、文化活动之中，使教育者和受教育者都身处共同创造的“教育场”，使文化变为双向的、互动的、互相激励的教育环境。比如，大连海事大学在现有自然环境基础上，取上海航务学院、东北航海学院和福建航海专科学校三支“源头”之水并汇聚在学校的心海湖中，同时用三校之土在岸边培植树木，凸显三源汇心海、百年树新人理念，不仅体现了高校悠久的历史和美好的愿景，也激励受教育者树立远大理想、勇于不懈奋斗。另外，大学精神具有引领和激励全体师生为实现理想不断奋斗的独特作用，这种精神文化是多年来由高校全体师生共同创造和凝炼而成，并通过高校制度、办学理念、校风、校纪、校歌等形式展现出来，因此，高校可以将校园景观文化所蕴含的精神延伸至科学的制度机制、特色的办学理念、良好的校风和制定严格的校规校纪等方面，以此实现大学精神的育人作用。比如，沈阳建筑大学的书香满校园景观，学生们可以把闲置书籍放在指定地点，帮助有需要的同学来此借阅，同学们阅读后自觉将书籍放回原处，借阅的全过程没有教育者的参与，全凭学生的自觉性，一段时间过后，书籍数量不仅没有减少，反而增加，这不仅体现出良好的校园风气，也体现出诚信严谨的办学理念，让学生们在一取一还中规范了行为，树立了正确的道德素质，彰显出时时处处是教育的理念。最后，高校可通过同辈群体环境促进受教育者的自我教育。高校校园景观文化是高校师生多年来共同塑造和认同的，具有一定的群体意识。青年学生是充满激情、勇于开拓、具有较强学习能力的群体，因此，教育者可以将主流价值观念和行为准则通过景观文化进行含蓄表达，并逐渐将其有目的、有计划地渗透到学生群体之中，通过逐渐地宣传，会让那些与主流价值标准和行为不一致的成员产生一种无形的压力，最终促使其自觉向受教育者所规定的目标和方向靠近。但在实施过程中，为了避免学生群体产生激烈的冲突，教育者应及时关注群体成员的动态，并适时予以积极引导。

第二，创造良好的高校思想政治教育外部环境。近年来，随着经济社会的不断发展，市场经济带来的各种问题也逐渐渗透到高校的外部环境，其中不乏高校周边的不良商业环境，如路边摊、黑出租、兜售假货等行为都对高校校园景观文化思想政治教育功能的发挥造成一定程度的负面影响。面对这类不良商业情况，首先，高校应对校外商业环境进行整体的规划和管制，在保障其正常运行的同时实现商家的良性发展。同时，高校应与教育厅等政府相关部门进行及时沟通和问题反馈，必要时请上级部门给予一定的工作支持，协助高校对校外商业环境进行必要的行政管理和规范，降低由外部环境造成的负面影响给景观文化育人功能带来的冲击。此外，高校应定期对全体师生开展各项安全教育培训，确保师生能够对不良商业行为进行辨别，自觉抵制不良的商业行为，从而逐渐使不良商业环境得到整顿并肃清，营造风清气正的高校外部环境，为提升景观文化的示范辐射功能奠定了良好的外部条件。另外，影响高校的外部环境还包括高校周边社区环境及文化氛围。高校周边的社区因其地理位置的特殊性，若其社区环境较差且居住人员的整体素质较低，社区管理也比较松散，社区风气也比较差，那么这种不良社区环境也会潜在地影响高校思想政治教育的效果。因此，社区也应积极提升基层管理工作水平，加强对社会主义先进文化和社会主义核心价值观的宣传，不断加强社区治理现代化，营造积极向上的社区文化氛围，与高校内部环境同心同向来促进景观文化育人功能的实现。高校也可以与周边社区联合组织志愿服务等社会实践活动，将高层次的景观文化精神内涵深入至周边的社区文化环境，逐渐影响社区成员的思想道德和行为，提升社区文化水平，形成内外部环境相互促进共同发展的良性循环。

第三，促进高校思想政治教育内外部环境相互作用。在实际的思想政治教育过程中，高校校园景观文化育人功能的实现效果不能在单一的外部环境或者内部环境下实现，必须将两者有机结合在一起，使其在相互作用、相互交流、相互借鉴中产生良性互动，才能增强高校校园景观文化的实效性。因此，高校应充分拓展渠道以促进内外部环境的相互作用。首先，高校应积极与周边社区进行联系沟通，根据社区实际需求，围绕居家养老、园区卫生清洁、便民维修、特色课程、社区文化建设、心理辅导、儿童教育和法律咨询等方面，开展“点对点”的志愿服务活动，将景观文化的丰富精神内涵引入周边社会之中，逐步实现其对于社会文化的引领作用。值得一提的是，在新冠肺炎疫情期间，辽宁省内各大高校师生积极响应号召，由学生组成的志愿者服务团队协助各级疾控、医院、社区等部门开展一线疫情防控工作，如高校师生积极投身到疫情防控心理支持在线服务平台和科普知识在线服务平台，提供在线心理陪伴、心理抚慰、防疫知识讲解及咨询等服务，他们在疫情防控实践中所展现的无私奉献、勇于担当的精神也辐射到社区和社会生活的各个领域中，不仅使学生获得实践锻炼的机会，提升了综合素质能力，也为高校景观精神文化的教育范围的拓展疏通了有效渠道。其次，高校周边社区也应通过党建活动和群众活动积极加强与高校的交流，互学互鉴，可以借助高校优秀的校园景观文化育人环境开展相关活动，如辽宁大学开展社会理论宣讲活动，组织本科及研究生理论宣讲团，深入社区开展理论宣讲，将景观文化所传递的价值观念进行宣传，提升景观文化的示范辐射功能，此外，辽宁科技学院在校内打造东北抗联精神育人筑梦空间，邀请周边社区以及部分社会人员到学校开展社区党员活动、党史理论教育学习和群众活动等，实现校园内成员和校外人员的整体素质的提升，也为高校校园景观文化与社会外部文化的结合提供了条件，在二者的互动中实现了高校校园景观文化的思想政治教育功能。

本章针对高校校园景观文化在实现思想政治教育过程中所存在的问题，提出加强高校校园景观文化思想政治教育功能应遵循的基本原则，并从重视景观文化建设的顶层设计、丰富景观文化的育人载体、拓展景观文化的育人方法、优化景观文化育人的内外部环境四个方面提出实现高校校园景观文化思想政治教育功能的具体路径，这样不仅可以从顶层设计系统把握思想政治教育各个要素及其相互关系，也可以加深全体师生员工对高校校园景观文化的理解，从而提升高校校园景观文化的思想政治教育功能的实效性、亲和力和感染力，最终促进受教育者道德品德和综合素质水平，从而实现高校立德树人根本任务。

5 基于校园景观文化载体下的思想政治理论课实践教学改革

5.1 以校园景观文化为载体开展思想政治理论课实践教学的优势

目前，随着高校思想政治理论课实践教学的不断发展，可以深刻体会到校园景观文化以其独特的优势日益成为思想政治理论课实践教学的重要途径和有效载体。因此，在新时代背景下大力依托校园景观文化构建高校思想政治理论课实践教学模式具有十分重要的现实意义。

5.1.1 拓展思想政治理论课实践教学平台

中共教育部党组印发的《高校思想政治工作质量提升工程实施纲要》强调“扎实推动实践育人，教育引导师生在亲身参与中增强实践能力、树立家国情怀。”[①] 因此，高校思想政治理论课要大力加

---

① 中共教育部党组．关于印发《高校思想政治工作质量提升工程实施纲要》的通知［EB /OL］.(2017-12-05)［2018-05-03］.http://www.moe.edu.cn/srcsite/A12/s7060/201712/t2017 1206_320698.html.

强实践教学环节，提升实践育人质量。目前，高校思想政治理论课实践教学从广义上讲包括 3 个层面："课堂实践教学、校园实践教学和社会实践教学"，[①] 这 3 种实践教学各具特点。课堂实践教学在课堂进行，通过辩论比赛、课堂演讲、案例教学和专题讨论等形式正面教育和引导学生理解和掌握马克思主义理论，但难以真正锻炼学生行为和考察学生表现；社会实践教学在校外进行，通过社会调查、志愿服务、生产劳动、参观考察、社会公益等形式帮助学生认识社会、了解社会和服务社会，但是由于经费、交通、安全、时间和组织等方面的诸多阻碍，难以在全体学生中铺开，经常由一些学生代表来代替完成；校园实践教学在校园进行，通过多种形式的校园文化活动帮助学生深化理论认识并增强社会实践能力。相对于前两种实践教学形式，校园实践教学不仅具有学生参与面广、便于安全管理、经费大量节约等明显优势，同时也能够考察学生在实践中真实的思想道德行为和素质。因此，依托校园景观文化开展的思想政治理论课实践教学是一种更高效、更安全和更节约的实践教学平台。

5.1.2 丰富思想政治理论课实践教学形式

近日，教育部印发的《新时代高校思想政治理论课教学工作基本要求》强调"实践教学作为课堂教学的延伸拓展，重在帮助学生巩固课堂学习效果，深化对教学重点难点问题的理解和掌握"。[②] 可见，实践教学作为课堂教学的延伸和拓展，是思想政治理论课教学形式的一个重要组成部分。但是，从现实情况来看，"实践教学依

---

① 王红芳，朱瑾 . 高职思想政治理论课实践教学体系的构建 [J] . 金华职业技术学院学报，2011(1):58-59.

② 教育部 . 新时代高校思想政治理论课教学工作基本要求 [EB/OL.(2018-04-26) [2018-05-03] .http: //education.news.cn /2018-04/26/c _ 129859868.htm? from = singlemessage.

然是高校人才培养中的薄弱环节，与培养拔尖创新人才的要求还有差距”。[①] 因此，要深入研究探索实践教学，找寻理论联系实际的契合点，依托校园景观文化开展形式多样的实践教学，帮助学生巩固和深化对教学内容的理解和掌握。可以依托校园的校史纪念馆、博物馆、美术馆和革命遗址等教育性景观，开展参观学习、调查研究和志愿服务等活动强化爱党爱国教育；可以依托校园的校门、建筑、庭院和广场等纪念性景观，开展入党宣誓、红歌大赛、辩论比赛和知识竞赛等活动深化国史校史教育；可以依托校园的伟人、学者和知名校友雕像以及名人语录碑等文化性景观，开展专题讲座、主题演讲征文比赛和朗读大赛等活动加强“三观”教育等。这些实践教学形式可以极大调动学生的积极性和主动性并使学生在活动中接受教育和引导。因此，依托校园景观文化开展的思想政治理论课实践教学是一种更生动、更直接的实践教学形式。

5.1.3 增强思想政治理论课实践教学效果

中共教育部党组印发的《高校思想政治工作质量提升工程实施纲要》要求：“要深入推进文化育人。建设美丽校园，制作发布高校优秀人文景观、自然景观名录，推动实现校园山、水、园、林、路、馆建设达到使用、审美、教育功能的和谐统一”。[②] 可见，高校思想政治理论课要不断增强教学效果，就要积极探索学校丰富的山、水、园、林、路、馆的教育功能，加强以文化人、以文育人，提升

---

① 教育部等部门 . 关于进一步加强高校实践育人工作的若干意见［EB /OL］.(2012-01-10)［2018-05-03］.http://www.moe.edu.cn/srcsite /A12/moe_1407/s6870/201201/t20120110 _ 142870.html.

② 中共教育部党组 . 关于印发《高校思想政治工作质量提升工程实施纲要》的通知［EB /OL］.(2017-12-05)［2018-05-03］.http://www.moe.edu.cn/srcsite/A12/s7060/201712/t2017 1206_320698.html.

文化育人质量。一方面，“校园生活空间是大学生学习、生活、交往最直接、最频繁的载体，是他们世界观、人生观、价值观、道德观、法制观形成的重要场所，是大学生情感体验、性格塑造、人格养成的重要孵化基地”。[①]因此，依托校园景观文化开展思想政治理论课实践教学可以让学生在熟悉又亲切的景观中潜移默化地接受熏陶和教育，从而增强实践教学的可接受性和实效性。另一方面，依托校园景观文化开展思想政治理论课实践教学可以实现理论与实践的双向互动。从教师在景观现场进行理论讲授到学生进行各项实践活动的过程，是抽象的理论得以实践的过程，也是运用马克思主义基本原理分析问题和解决问题的过程，实现了“从理论到实践”的验证。同时，从学生在景观现场开展各项实践活动到教师的点评和总结，是具体的实践活动得以再次提升的过程，实现了“从实践到理论”的升华。在理论和实践双向互动的过程中，学生完成了由理论知识经实践体验再回到理论提升这一循环，真正使教学影响得以巩固、教学效果得以增强。

5.2　以校园景观文化为载体构建“思想道德与法治”课实践教学模式

思想道德与法治课是学生进入学校学习的第一门思想政治理论课，对于帮助学生树立正确的世界观、人生观、价值观、道德观和法治观起到重要的作用。由于思想道德与法治课具有很强的应用性和实践性，所以要求思想道德与法治课教师在教学过程中必须注重理论与实践相结合，最终达到知和行的统一。

① 王荣发 . 思想政治理论课教学空间的拓展与建构：以“思想道德修养与法律基础”课为例［J］. 思想理论教育，2016(1): 63-67.

沈阳建筑大学是一所以建筑土木为优势的建筑类高校，学校的建筑风格和景观设计颇具特色、形式丰富，既有展现现代风貌的稻田景观、中央水系、孔雀园、鹿苑等自然景观，也有体现历史文化传承的老校区校门柱、雷锋庭院、铁石广场、院士墙、钱学森等名人雕塑的人文景观。这些校园景观文化不仅是自然美和人工美的有机结合的典范，也是很好的思想政治教育的资源和素材。因此，沈阳建筑大学充分挖掘、利用校园内这些具有思想政治教育功能的景观文化并将其转化为思想道德与法治课的教育资源落实到实践教学中，构建出依托校园景观文化的思想道德与法治课实践教学模式。

5.2.1 实践教学内容设计

以思想道德与法治课教学大纲为基础，以世界观、人生观、价值观、道德观和法治观为主线，结合学校校园景观文化的特色和优势，对思想道德与法治课教学体系进行重新提炼和整合，设计出 6 个方面的教学内容并依此开展实践教学，具体包括：爱校荣校教育、人生观教育、理想信念教育、爱国主义教育、道德观教育和法治观教育。

5.2.2 实践教学组织方法

（1）教师集体备课。思想道德与法治课教研室全体教师定期进行集体备课，通过研讨和交流，解决实践教学问题，评价实践教学效果，同时，深入挖掘学校景观文化特色，不断改进实践教学计划、丰富实践教学内容、创新实践教学模式。

（2）教师全程参与。在严格执行国家思想政治理论课教学要求前提下，每位教师在完成课上理论教学学时外，课下至少要开展一次（一个学时）实践教学并全程参与实践教学的设计、组织、指导与评定。

（3）成立实践小组。为保障实践教学的有序化和规范化，学生以班级为单位，自由组合成 4 个实践小组，每组 7 ～ 8 人，设组长 1 人，小组成员相互配合，共同收集分析资料，准备发言讨论提纲并做小组总结。

（4）实行过程考核。学生在实践教学环节的成绩评定，由教师根据学生在实践教学中的实际参与程度、现实表现和最后提交的书面材料质量给出客观公正的评分，作为学生思想道德与法治课平时成绩的一部分。

5.2.3 实践教学具体实施

依托校园景观文化开展的实践教学过程分为 6 个步骤：①景观介绍。学生一边亲身参观校园景观，教师一边介绍其由来和历史，并联系理论讲解其蕴含的精神。②现场交流。根据教师提前布置的主题和重点，每个小组代表进行交流发言，展示本组学习成果。③点评总结。教师对每个小组现场交流情况予以点评，评选出最佳实践小组，最后进行归纳总结，帮助学生提升理论认识。④主题活动。通过开展讨论、比赛、演讲、竞赛和服务等形式多样的主题活动，强化对学生的教育和引导。⑤布置作业。教师布置课后实践作业，加深学生的参与感悟和实践体验。⑥考核总结。每个实践小组上交本组学习成果总结，每名学生上交个人学习收获和心得体会，教师认真批阅完成考核。不同教学内容的实践具体实施如下：

（1）爱校荣校教育。依托老校门和铁石广场 2 个景观，围绕绪论“担当复兴大任，成就时代新人”开展爱校荣校教育实践教学。教师讲解学校的历史变迁和精神文化；随后开展“我的建大我的家”主题演讲活动，学生讲述“建大梦”，抒发“建大情”；最后，在合唱校歌《建造梦想》中结束教学活动；课后，围绕建大校训“博学善建、厚德大成”开展征文活动，进一步激发学生作为建大人的自尊心、自信心和自豪感。

（2）人生观教育。依托“雷锋庭院”的“雷锋班退役车”和“雷锋塑像”景观，围绕第一章“领悟人生真谛，把握人生方向”开展人生观教育实践教学。教师对雷锋事迹图片展背后所体现的雷锋精神进行详细讲解；随后每个小组以人生观为切入点对雷锋事迹和雷锋精神进行交流和讨论；最后，教师强调全心全意为人民服务的人生观是雷锋精神的精髓和核心，青年学生要树立这一科学、高尚的人生观，实现党和国家的殷切期望；课后，教师鼓励学生利用假期积极投身社会服务，开展学习雷锋精神活动。

（3）理想信念教育。依托亚洲第一长廊“院士墙”景观，围绕第二章“追求远大理想，坚定崇高信念”开展理想信念教育实践教学。教师介绍知名院士的杰出成就，并重点对其坚定的理想和信念进行讲解；随后，每个小组围绕院士们的成长之路和“院士精神”进行交流发言；最后，教师勉励学生要大力弘扬院士精神，在追求理想的路上不忘初心、奋勇向前；课后，以班级为单位开展“我的大学我的梦”主题班会，深化学生对中国特色社会主义共同理想和马克思主义科学信仰的理解和认识。

（4）爱国主义教育。依托世纪之星广场的“钱学森雕像”景观，围绕第三章“继承优良传统，弘扬中国精神”开展爱国主义教育实践教学。教师介绍钱学森的杰出成就，尤其是他花费5年时间冲破重重阻挠回到祖国的深深爱国之情；之后，每个小组围绕新中国“两弹一星”元勋的奋斗过程和爱国事迹进行交流发言；最后，教师鼓励学生要大力弘扬“两弹一星”精神，为实现中华民族伟大复兴的中国梦贡献自己的力量；课后，要求学生在假期调研家乡“两弹一星”元勋的先进事迹，深刻感受故乡情和赤子心。

（5）道德观教育。依托二楼长廊“书满校园”景观，围绕第四章“明确价值要求，践行价值准则”和第五章“遵守道德规范，锤炼道德品格”开展道德和社会公德教育实践教学。教师介绍“书满校园”所展现的师生良好的道德自律风貌；之后，每个小组围绕校园诚信调查活动中反映出的诚信问题进行汇报和讨论；最后，教师强调诚信的内涵广泛，在校园里，要从最基本的日常行为规范抓起，在未来的人生道路，更要身体力行做到诚信；课后，以班级为单位拟定“班级诚信状”，号召学生远离不诚信行为，为建设诚信校园做出表率。

（6）法治观教育。依托行政楼前广场“红墙”和“古钟”景观，围绕第六章“学习法治思想，提升法治素养”开展法治观教育实践教学。教师介绍“古钟”警示作用，由学生代表敲响古钟，共同体会“警钟不响人常想，警钟不鸣人常明”这一建大育人原则；每个小组交流在调查中发现的校园违规、违纪和违法典型事件；最后，教师引导学生要时刻敲响心中的警钟，时刻做到自重、自省、自警和自励；课后，鼓励学生利用周末以公益骑行的方式开展普法宣传活动，让法律意识和法治观念宣传走出校门、走向社会。

依托校园景观文化开展思想道德与法治课实践教学是思想政治理论课实践教学改革的一项有益尝试，取得了良好效果。教师一致认为，学生通过现场学习和实践，不仅深化了理论认识，提高了实践能力，也弥补了以往思想政治理论课的枯燥和不足，使教育内容更加容易被学生所接受。学生也普遍表示，这样的实践教学打破了思想政治理论课一味进行理论灌输的模式，吸引力更大、感染性更强、参与度更高，自己能够发自内心地接受教育并真正地融入实践教学，从中不断提升思想道德素质和法律素质，同时，也在实践教学中增强了表达能力、组织能力、沟通能力和协作能力。今后，要深度挖掘、继续探索、不断完善以校园景观文化为平台的实践教学模式，使其成为一种普遍适用的教学模式并逐步在思想政治理论课全部课程中推行，最终形成独具特色的校园景观文化实践教学品牌。

6　结论和展望

6.1　结论

高校构建校园景观文化育人格局是思想政治教育工作的重要突破，拓展了高校思想政治教育工作思路，丰富了高校思想政治教育实践形式，对全面构建高校思想政治教育体系具有一定的启示与意义。

将高校校园景观文化与思想政治教育相结合，加强了其思想政治教育功能。首先，本书从高校校园景观文化的内涵、特征为出发点，探讨高校校园景观文化与思想政治教育既相互独立，又相互统一的关系，从而进一步提出高校景观文化的思想政治教育功能的具体内容，即价值导向功能、行为约束功能、情感熏陶功能、凝聚激励功能、示范辐射功能。其次，为进一步提升高校校园景观文化的思想政治教育功能，本书提出在遵循思想政治教育基本原则，即理论性和价值性相统一、统一性和多样性相统一、主导性和主体性相统一、适应性和继承性相统一的基础上，从重视景观文化建设的顶层设计、丰富景观文化的育人载体、拓展景观文化的育人方法、优化景观文化育人的内外部环境提出具体的实现路径。

6.2 不足和展望

关于高校校园景观文化的思想政治教育功能及其实现路径研究的不足和展望。从研究领域来说，高校校园景观文化的研究内容涉及建筑学、设计学、美学、哲学等多种学科领域，需要研究者具备较为深厚的跨学科专业知识基础，但由于研究能力水平有限，本次研究中对于跨学科领域的研究依然不足。从研究结论来看，本次研究的结论主要是针对高校校园景观文化的思想政治教育功能的对策分析，缺乏深层次的理论探索和进一步的实践跟踪。

构建高校校园景观文化育人模式，提升其思想政治教育功能不是一蹴而就的，而是一项长期的、艰巨的任务。当前，网络信息发展如此迅速，也势必给高校思想政治教育工作带来一定的机遇和挑战，在全面构建高校思想政治教育大格局背景下，如何进一步加强高校校园景观文化的思想政治教育功能是关键所在，也是今后高校思想政治教育工作应着重思考之处。

参考文献

一、著作类：

[1] 马克思，恩格斯．选集（第1卷）[M]．北京：人民出版社，1995.

[2] 潘懋元．新编高等教育学 [M]. 北京：北京师范大学出版社，1996.

[3] 亨利·罗索夫斯基．美国校园文化——学生·教授·管理 [M]. 谢宗仙，周灵芝等，译．山东：山东人民出版社，1996.

[4] 王邦虎．校园文化论 [M]. 北京：人民教育出版社，2001.

[5] 奥尔特加·加塞特．大学的使命 [M]. 徐小洲，陈军，译．杭州：浙江教育出版社，2001.

[6] 克莱尔·库伯·马库斯．交往与空间 [M]. 何人可，译．北京：中国建筑工业出版社，2002.

[7] 陈万柏．思想政治教育载体论 [M]. 武汉：湖北人民出版社，2003.

[8] 刘基．高校思想政治教育论 [M]. 北京：中国社会科学出版社，2006.

[9] 荀况等．荀子 [M]. 王学典译．北京：中国纺织出版社，2007.

[10] 孙庆珠 . 高校校园文化概论 [M]. 济南 : 山东大学出版社 ,2008.

[11] 郑永廷 . 思想政治教育方法论 [M]. 北京 : 高等教育出版社 ,2010.

[12] 冯刚 , 柯文进 . 高校校园文化研究 [M]. 北京 : 中国书籍出版社 ,2013.

[13] 张耀灿 , 陈万柏 . 思想政治教育学原理 [M]. 北京 : 高等教育出版社 ,2015.

[14] 郑永廷 . 思想政治教育学原理 [M]. 北京 : 高等教育出版社 ,2016.

[15] Willard Waller. The sociology of Teaching[M]. Russeil&Russell,1967.

二、报告类：

[1] 习近平 . 全国高校思想政治工作会议上的讲话 [R].2016-12-08.

[2] 习近平 . 全国宣传思想工作会议的讲话 [R].2018-08-22.

[3] 习近平 . 全国教育大会议上的讲话 [R].2018-09-10.

[4] 习近平 . 学校思想政治理论课教师座谈会 [R].2019-03-18.

[5] 习近平 . 党史学习教育动员大会 [R].2021-02-20.

[6] 习近平 . 清华大学考察会议上的讲话 [R].2021-04-19.

三、期刊类：

[1] 葛金国 , 石中英 . 论校园文化的内涵、特征和功能 [J]. 高等教育研究 ,1990(3):60-68.

[2] 张庆奎 . 高校校园文化功效探析 [J]. 江苏高教 ,1995(S2):24-27.

[3] 王民 , 张瑞金 . 高校校园文化对大学生素质的影响 [J]. 思想

政治教育研究 ,1997(4):8-10.

[4] 王冀生 . 现代大学的物质文化建设 [J]. 高教探索 ,2001(2):5-8.

[5] 寿韬 . 高校校园文化的层次结构及特征初探 [J]. 华东师范大学学报（哲学与社会科学版）,2003,35(5):58-62+123.

[6] 睦依凡 . 关于大学文化建设的理性思考 [J]. 清华大学教育研究 ,2004,25(1):11-17.

[7] 陈万柏 . 论思想政治教育文化载体的特征和功能 [J]. 求索 ,2005(5):121-123.

[8] 石峰 . 试论高校校园文化的思想政治教育功能 [J]. 贵州师范大学学报（社会科学版）,2006(5):80-83.

[9] 郭必裕 . 大学物质文化的解读与重构 [J]. 黑龙江高教研究 ,2007(11):84-86.

[10] 洪满春 . 高校校园文化的内涵及其思想政治教育功能 [J]. 咸宁学院学报 ,2010,30(2):135-136.

[11] 肖妍玎 . 论大学校园景观和校园文化 [J]. 中国电力教育 ,2012(23):142-142.

[12] 朱景林 . 思想教育物质载体承载式育人研究 [J], 中国青年研究 ,2016(1):102-106+118.

[13] 张昆 . 试论大学校园文化的思想政治教育功能及其实现路径 [J], 枣庄学院学报 ,2016,33(1):126-129.

[14] 于晓雯 . 高校景观文化建设的育人现状与思考 [J]. 山东商业职业技术学院学报 ,2016,16(2):93-96.

[15] 方绍正 , 丁贞权 . 基于因子分析的建筑类高校物质文化作用研究 [J]. 吉林化工学院学报 ,2017,34(2):51-54.

[16] 王帆 , 聂庆娟 , 贾立平 . 高校校园景观文化建设对策探析 [J]. 河北农业大学学报 (农林教育版),2017,19(2):9-13.

[17] 罗海鸥 . 大学校园景观的文化育人理路—以岭南师范学院实践探索为例 [J]. 中国高校科技 ,2017(7):41-43.

[18] 初汉增 , 张丹萍 . 浅谈景观在校园文化建设中的教育功能 [J]. 宁波大学学报（教育科学版）,2015,37(4):53-56.

[19] 严仍昱 . 高校思想政治教育全方位育人模式及构建—学习习近平总书记在全国高校思想政治工作会议上的重要讲话 [J]. 思想政治教育研究 ,2018,34(1):113-117.

[20] 岳静 , 孙瑞 . 校园景观文化育人浅析—以江南大学校园景观为例 [J]. 高校后勤研究 ,2018(1):56-59.

[21] 王永友 , 粟国康 . 思想政治教育功能的生成逻辑 [J]. 思想理论研究 ,2018(3):45-51.

[22] 杨晓慧 . 高等教育“三全育人”: 理论意蕴、现实难题与实践路径 [J]. 中国高等教育 ,2018(18):4-8.

[23] 阚迪 , 邓杨 , 杜晶波 . 依托校园景观文化的思想政治理论课实践教学模式建构—以沈阳建筑大学“思想道德修养与法律基础”课为例 [J]. 沈阳建筑大学学报社会科学版 ,2018,20(6):633-638.

[24] 刘殷君 , 司苗苗 . 以立德树人为目标的高校文化育人功能和路径研究 [J]. 甘肃高师学报 ,2019,24(3):83-86.

[25] 陈亮 . 新时代高校“三全育人”工作模式建设研究 [J]. 长春师范大学学报 ,2019,38(7):14-17.

[26] 徐晓宁 . 高校思想政治教育与校园文化建设互动模式探析 [J]. 思想理论教育导刊 ,2019(6):146-149.

[27] 郭望远 . 高校思想政治教育文化育人的“文”与“化”研究 [J]. 黑龙江教育（理论与实践）,2020(3):46-47.

[28] 高石磊 . 大学文化育人功能的实现路径 [J]. 中国高等教育 ,2020(5):55-57.

[29] 刘萌生，刘一鸣．基于易班平台的高校文化新阵地建设探索[J]. 黑龙江教育（高教研究与评估）,2020(9):74-75.

[30] 阚璇．高校文化建设中的地域情感表达——以 1921 景观广场系列作品为例 [J]. 当代文坛 ,2020(8):8-9.

[31] 黄建军，赵倩倩．高校思想政治教育显性教育和隐性教育相统一的内在逻辑与路径优化 [J]. 思想教育研究 ,2020(11):118-122.

[32] 吕春宇，吴林龙．新时代高校思想政治教育实效性提升策略[J]. 学校党建与思想教育 ,2020(23):22-24.

[33] 章凤红，宋广强．高校发挥中国特色社会主义文化育人功能的三重维度 [J]. 思想理论教育导刊 ,2021(1):119-123.

[34] 徐稳，葛世林．论思想政治教育亲和力提升的四重维度 [J]. 思想政治教育研究 ,2021,37(1):106-110.

[35] 刘献君，陈玲．学校特色文化建设的路径探究 [J]. 中国高教研究 ,2021(3):51-54.

[36] 马金明．基于传统文化背景下的校园建筑及景观文化设计研究 [J]. 城市建设理论研究（电子版）,2022(35):31-33.

[37] 李景芳．校园雕塑的设计策略及其对校园文化建设的影响[J]. 楚雄师范学院学报 ,2022,37(5):156-160.

[38] 齐艳霞，张书豪．载人航天精神融入高校校园文化建设路径探析 [J]. 教育探索 ,2023(07):75-78.

[39] 叶梓．“双高计划”背景下校园文化对提升高职院校劳动教育效能的路径探讨 [J]. 杨凌职业技术学院学报 ,2023,22(2):68-70+74.

[40] 俞淼，王全乐，王洪亮．高校思想政治工作与校园文化建设融合的可能性及路径研究 [J]. 绥化学院学报 ,2023,43(5):116-118.

[41] 姚慧，张芳．立德树人背景下高校思想政治教育与校园文化协同发展研究 [J]. 鄂州大学学报 ,2023,30(2):17-19.

[42] 刘晓昱 . 思政教育视域下高校校园文化建设的问题与对策 [J]. 浙江交通职业技术学院学报 ,2023,24(1):77-80.

四、学位论文类：

[1] 刘薇 . 高校校园文化建设与思想政治教育互动研究 [D]. 沈阳 : 辽宁大学 ,2012.

[2] 初汉增 . 基于隐性教育功能的校园环境建设机制研究 [D]. 宁波 : 宁波大学 ,2015.

[3] 郑朝阳 . 新时代高校校园文化育人功能发挥研究 [D]. 长春 : 东北师范大学 ,2016.

[4] 周欢欢 . 思想政治教育视域下高校物质文化建设研究 [D]. 天津 : 天津工业大学 ,2017.

[5] 郑柔澄 . 高校校园文化建设的思想政治教育功能及其实现研究 [D]. 济南 : 山东大学 ,2017.

[6] 陈远志 . 基于"学校认同"的中学校园文化育人策略研究——以 H 地区为例 [D]. 牡丹江 : 牡丹江师范学院 ,2023.

五、电子文献类：

[1] 中共教育部党组 . 关于印发《高校思想政治工作质量提升工程实施纲要》的通知 [EB/OL].(2017-12-05)[2018-05-03].http://www.moe.edu.cn/srcsite/A12/s7060/201712/t20171206_320698.html.

[2] 中共中央、国务院 . 关于进一步加强和改进大学生思想政治教育的意见 [EB/OL].(2018-05-02)[2021-02-26]. http://www.moe.gov.cn/s78/A12/szs_lef/moe_1407/moe_1408/tnull_20566.html.

[3] 中宣部、教育部等 11 部委 . 关于支持实体书店发展的指导意见 [EB/OL].(2019-07-25)[2021-02-26].http://www.wenming.cn/bwzx/

jj/201907/t20190725_5198089.shtml.

[4] 教育部等八部门 . 关于加快构建高校思想政治工作体系的意见 [EB/OL].(2020-04-22)[2021-02-26].http://www.gov.cn/zhengce/zhengceku/2020-05/15/content_5511831.htm.

[5] 教育部 . 高等学校课程思政建设指导纲要 [EB/OL].(2020-06-01)[2021-02-26].http://www.moe.gov.cn/srcsite/A08/s7056/202006/t20200603_462437.html.

[6] 中共中央政治局 . 中共中央关于制定国民经济和社会发展第十四个五年规划和二〇三五年远景目标的建议 [EB/OL].(2020-10-29)[2021-06-01].http://www.gov.cn/zhengce/2020-11/03/content_5556991.htm.

附录A　高校校园景观文化的思想政治教育功能实现现状调查问卷

亲爱的受访者：

您好！感谢您在百忙之中填写此次问卷。此问卷主要针对您所在高校的校园景观文化的思想政治教育功能实现情况进行相关调查。因该问卷只作为学术调查研究使用，不会涉及到个人隐私，请您放心作答。谢谢!

1、您的性别（　　）[单选题]

A. 男　　B. 女

2、您的政治面貌（　　）[单选题]

A. 中共党员　　B. 共青团员

C. 群众　　D. 其他

3、您的学习工作阶段（　　）[单选题]

A. 大学专科　　B. 大学本科

C. 硕士研究生　　D. 博士研究生

E. 高校教师　　F. 其他高校工作人员

4、您所在高校的类型（　　）[单选题]

A. 理工类　　B. 文科类

C. 综合类

5、您是否感受到本校校园景观的文化内涵和教育意义？（　　）[单选题]

A. 深刻感受到　　B. 略微感受到

C. 没有感受到　　D. 没听说过

6、您认为贵校已挖掘下列哪些文化资源并与校园景观相结合开展思想政治教育工作？（　　）[多选题]

A. 政治文化　　B. 道德修养

C. 哲学文化　　D. 建筑与艺术文化

E. 科技文化　　F. 生态地理文化

G. 文学　　H. 以上均包括

I. 以上均未包括

7、您认为长期处于高校校园景观文化氛围中对您的思想价值观念有多大程度的影响？（　　）[单选题]

A. 影响极大　　B. 影响一般

C. 没有影响　　D. 不了解

8、您认为高校校园景观文化对您的思想价值观念引导作用还有哪些不足？（　　）[多选题]

A. 与其他高校大都相同，无法突出本校特色

B. 教育内涵挖掘不丰富，不能与其他学科联合达到思想政治教

育目的

C. 教育资源创新程度不足，无法与时俱进

D. 缺乏趣味性，对青年人的吸引力不大

F. 其他

9、您认为置身高校校园景观文化之中是否会不自觉地规范自己的一言一行？（　　）[单选题]

A. 会　　B. 偶尔会

C. 完全不会　　D. 不了解

10、您认为高校校园景观文化所标注的提示语、警示语、行为规范条款对您的行为约束的影响程度？（　　）[单选题]

A. 影响极大　　B. 影响一般

C. 没有影响　　D. 不了解

11、您认为高校校园景观文化对您的行为约束作用还有哪些不足？（　　）[多选题]

A. 可利用的教育资源单一　　B. 行为约束效果不长久

C. 形式缺乏创新　　D. 评价反馈体系没有完全建立

F. 其他

12、您认为长期身处高校校园景观文化环境中会令人感受美好、心情舒畅吗？（　　）[单选题]

A. 会　　B. 偶尔会

C. 完全不会　　D. 不了解

13、您认为高校校园景观文化所蕴含的文化内涵是否会提升您对美的认知并能滋润人的精神世界？（　　）[单选题]

A. 会　　　　B. 偶尔会

C. 完全不会　　　　D. 不了解

14、您认为高校校园景观文化对您的情感熏陶功能实现过程中还有哪些不足？（　　）[多选题]

A. 未系统搭建校内文化活动和网络平台

B. 教育内涵挖掘不足

C. 未与校内其他特色学科相结合

D. 其他

15、您认为高校校园景观文化起到哪些凝聚激励作用？（　　）[多选题]

A. 团结师生

B. 凝聚人心

C. 激发群体力量

D. 形成统一的独具特色的高校文化

E. 作用不明显

16、您认为高校校园景观文化会激发您的学习动力和对理想的追求吗？（　　）[单选题]

A. 会　　　　B. 偶尔会

C. 完全不会　　　　D. 不了解

17、您认为高校校园景观文化对校内全体师生的凝聚激励功能

实现过程中还有哪些不足？（　　）[多选题]

A. 少部分教育者缺乏对实现凝聚激励功能的教育资源挖掘和教育因子赋予

B. 部分受教育者对认为个人无法对校园景观文化的凝聚激励功能提供教育内涵

C. 缺乏趣味性，对青年人的吸引力不大

D. 其他

18、您认为高校校园景观文化丰富的教育内涵对社会的影响示范程度如何？（　　）[单选题]

A. 程度极大　　B. 程度一般

C. 没有影响　　D. 不了解

19、您认为社会对高校校园景观文化所蕴含的教育内容了解程度？（　　）[单选题]

A. 十分了解　　B. 了解，但不够深入

C. 不了解　　D. 不关注

20、您走入社会后是否还会以高校校园景观文化所蕴含的教育道理来要求自己？（　　）[单选题]

A. 会　　B. 偶尔会

C. 完全不会　　D. 不了解

21、您认为高校校园景观文化对社会的辐射示范功能还有哪些不足？（　　）[多选题]

A. 校内校外联动不紧密

B. 实现方式流于表面化，形式化

C. 实际效果跟踪和反馈难度大

D. 其他

22、您认为高校校园景观文化与思想政治教育功能的实现有关系吗？（　　）[单选题]

A. 有关系，高校校园景观的思想政治教育功能不容忽视，不能割裂两者的联系

B. 一般，具体根据不同学校对于高校校园景观文化的建设实际情况来看

C. 没有关系，高校校园景观文化的教育功能过于隐蔽，因此不是特别重要

D. 与自己无关，不关注

23、您认为高校校园景观文化与下列哪方面相结合可更好发挥其思想政治教育功能？（　　）[多选题]

A. 政治思想　　　　B. 优秀传统文化

C. 学科相关　　　　D. 科学技术

E. 人文道德修养

F. 其他

24、您所在高校的校园景观文化在文化内涵和教育意义的挖掘上是否注重突出本校高校的特色？（　　）[单选题]

A. 十分重视且能够彰显本校特色

B. 略有重视，不作为重点

C. 完全不重视

D. 与自己无关，不关注

25、您所在高校是否从制度和实践双方面保障高校校园景观文化的系统化、特色化建设？（　　）[单选题]

A. 会　　B. 偶尔会

C. 完全不会　　D. 不了解

26、您认为高校教师在高校校园景观文化的全面建设中居于什么地位？（　　）[单选题]

A. 完全居于主导地位，挖掘高校校园景观文化丰富的教育内涵

B. 居于主体地位，根据学生需求和特点挖掘教育资源

C. 处于被动地位，由学校领导做主

D. 没必要参加

27、您认为大学生在高校校园景观文化的全面建设中居于什么地位？（　　）[单选题]

A. 居于被动地位，学习时间较满，无暇关注

B. 居于主体地位，及时将需求和想法进行反馈，为教育资源的挖掘提供了方向

C. 根本没必要参加

28、您认为现阶段高校思想政治教育理论课有必要依托高校校园景观文化载体吗？（　　）[单选题]

A. 完全有必要，将两者结合可将理论和实践结合进行课程学习，更突出教学方法的创新和实效

B. 没有必要，高校阶段的思想政治理论课更突出理论的学习，

不需要引入其他平台

C. 不了解，可有可无

29、您认为高校是否有必要在重大节日、纪念活动中注重将校园景观文化教育内涵融入至活动之中进行强化？（　　）[单选题]

A. 非常有必要，通过活动能够更好地实现教育目的

B. 不是特别注重，活动只是形式

C. 与自己无关，不关注

30、您认为是否可利用校园公众号、自媒体、主流网络平台发展高校校园景观文化？（　　）[单选题]

A. 完全有必要，可更好地结合网络平台发挥校园景观文化的思想政治教育功能

B. 没有必要，高校校园景观文化不是众所周知的，不能保证其教育效果

C. 不了解，可有可无

31、您认为是否有必要与社会联动更好挖掘和发挥高校校园景观文化的思想政治教育功能吗？（　　）[单选题]

A. 非常有必要，社会也不乏优秀的教育资源

B. 没有必要，高校中的教育资源较多且优质

C. 与自己无关，不关注

32、您对目前高校校园景观文化的建设现状有什么改进的措施?

33、您对高校校园景观文化的建设有什么建议与期望?

附录B　沈阳建筑大学打造特色校园景观构建“十大文化”育人体系

大学校园文化，不仅是思想政治工作的主要内容，更是实现全员育人、全过程育人、全方位育人的重要载体。多年来，沈阳建筑大学紧紧围绕“立德树人”这个根本任务，牢固树立“文化育人”的办学理念，精心设计了以红色文化、校史文化、建筑文化、景观文化、生态文化、状元文化、工匠文化、雷锋文化、廉政文化、校友文化等十大文化为核心的特色大学文化体系，坚持以文化人以文育人，教育和引导广大学生培养和践行社会主义核心价值观，勇于承担社会责任和历史使命，坚定文化自信，传承中华文化血脉，实现“博学善建、厚德大成”的人生价值和精神追求。

一、着力打造红色文化，加强学生爱国主义教育

沈阳建筑大学是一所有着红色基因的省属高校，始终坚定地跟党走是学校的优良传统。学校始建于1948年，前身是中国人民解放军东北军区军工部工业专门学校，是我军历史上最早的一所军事工业高等学校。我校第一任名誉校长何长工同志是老一辈无产阶级革命家、卓越的军事家、军事教育家，第一任校长兼政委赵品三同志是1925年入党的革命老前辈，是红军军服的设计者，被称为红

色根据地“话剧之父”。

图 B.1 学校第一任名誉校长何长工雕像

学校作为中国共产党在东北解放前夕创立的高等学校之一，红色基因深深融入其血脉，孕育了特色鲜明的精神属性，也内含着爱党兴党、为国为民的党性自觉。建校 70 余年来，一代代建大人发扬红色基因，在兴校强国的实践中，在服务辽沈地区的建设中，不断丰富红色基因的内涵，创新活动形式载体，学校利用历史建筑、历史文物的保护和传承，进行深刻的爱国主义教育。学校保留了原沈阳市八王寺的古建筑残垣在校园内创作建成“日俄战争残垣纪念碑”；保留了曾听到过沈阳东北军驻北大营官兵打响抗日第一枪枪声的唯一一块残垣，和我校教师创作的画作《英雄》一起陈列在教学区“201 空间”。这些都成为学校重要的爱国主义教育基地，使广大师生感受和触摸时代与战争的痕迹，时刻提醒广大师生担负起振兴中华的伟大使命。2015 年，学校以退役复学学生为主体成立了军事爱好者协会，全面自主地承担新生军训工作，每个月为同学们做一次国防教育课，校园里的一群“学生兵”时刻教育广大学生弘扬爱国主义精神。学校发挥网络优势，打造网络红色文化，利用校园网、易班平台教育引导大学生培养和践行社会主义核心价值观，用崇高的精神鼓舞人，用高尚的信仰激励人，用模范的行为引领人，用健康的情操教育人，增强网络红色文化的影响力和辐射力，扩大红色文化的覆盖面。学校于 2012 年、2016 年、2018 年获评沈阳市、辽宁省爱国主义教育基地，荣获教育部 2017 年“国防教育特色学校”称号。

图 B.2 日俄战争残垣纪念碑

图B.3 沈阳东北军驻北大营官兵打响抗日第一枪枪声的唯一一块残垣

图B.4 学校教师创作的画作《英雄》

图 B.5“两弹一星”元勋钱学森雕像

二、着力打造校史文化，培养学生爱校荣校情怀

学校始建于 1948 年，建校时名为中国人民解放军东北军区军工部工业专门学校。1977 年 7 月组建辽宁省唯一的高等建筑学府——辽宁建工学院。1984 年 7 月，学校更名为沈阳建筑工程学院，直属中华人民共和国建设部。2000 年，学校在全国高校办学体制调整中划转辽宁省，实施“中央与地方共建，以地方管理为主”的办学管理体制。2004 年 5 月，经国家教育部批准更名为沈阳建筑大学。

为使广大师生了解校史、传承历史，树立保护历史建筑的意识，学校搬迁时，特意将在西院老校区矗立了几十年、饱经风雨、见证了学校历史和发展变化的老校门整体迁移到了新校区。一座门就是一段历史，它记录了一个故事，叙述了一段岁月。这座老校门见证了学校的发展变化，留下了莘莘学子不尽的回忆。同样，老校区的红砖青瓦、老桌旧凳、老课表、老仪器设备，还有古旧的老校区楼梯扶手在校园里都可以找到印迹，与老校报形成了条条穿越历史时空的隧道，记录着我校建设发展的一个个坚实的足迹。

图 B.6 老校门

图 B.7 老仪器设备

这些历史印迹记载着学校办学历史的一点一滴，让建筑保护意识在未来建设者们的头脑中深深扎根，让毕业多年的校友情谊浓浓，让学生们认识到有了历史的传承和不懈的奋斗才能有事业的长足进步和发展，让每一个行走其间的建大人，聆听到历史的回声。

三、着力打造状元文化，培养大学生学术精神

学校保留了建于明代的沈阳八王寺古建筑，利用拆除的所有砖石和梁柱，作为木构古建筑的教学基地由师生在校园内动工复建，命名为“八王书院”。

图 B.8 八王书院

书院内的状元墙是由我校艺术学院教授徐文带领团队历时 8 年，绘制 600 状元像建成。在书院一隅的案几上，明代状元赵秉忠的试卷拓本配茶盏、香炉和古籍，书香常伴，育化学子。从状元画到状元卷，从案几品物到文化交流，八王书院的内涵和表现形式一直在不断丰富。学校还举办八王书院开放周，向全校师生展示书院对老建筑的保护和对历史文化的传承。学校通过状元文化的凝练传承学术精神，制定《进一步改进师德师风建设的意见》，加强教师职业道德建设，增强广大教师教书育人积极性，形成全程育人、全方位育人的浓厚氛围。学校高度重视学风建设，努力营造良好学术氛围，

加强对学生学习成长的指导，增强学生学习的内在动力，公益项目“两个盒子”的负责人刘佳颖、感恩奉献的麦麦提等优秀学生典型不断涌现。校园内书香氛围浓郁，图书馆设有“阅书吧”“共和国部长书架”，长廊内有“书满校园”自助书架，读书节、文化节、科技节等大学生学术活动四季芬芳。学校两次获评“沈阳市书香校园”。在八王书院浓厚历史的治学精神导引下，状元文化以崭新的姿态跨越千年，教育建大学子砥砺学海，成长成才。

图B.9 状元墙

四、着力打造建筑文化，加强学生专业教育

学校总建筑面积48万平方米，建筑形式现代、质朴、简练，功能设施齐全。教学区为网格式、具有东方文化底蕴的庭院组合，有利于资源共享和学科交流。学校建有国内第一座综合类建筑博物馆，总建筑面积3700平方米，集教学、实验、研究、收藏、展示、服务功能为一体，对校内的师生全天候开放，提供学习、研究、交流和实践的空间。学校校园西部建有以八王书院、十王府、盛京施医院为主体的古建筑保护区，中德节能示范中心、芬兰木结构节能环保项目等现代高科技示范建筑与其遥遥相对，古今建筑文化在建大校园里呈现历史与现代的对话。被誉为亚洲第一、756.31 米长的建筑长廊，将教学区、科技园区、办公区和学生生活区有机地连接在一起，为学生提供了学习交流空间。校园里随处可见裸露的砖墙、未完全封闭的管线，校园建筑的结构、材料和设计被有意识地规划成认知实习环境，整个学校就是建筑类高校学生学习的立体教科书。

图 B.10 建筑博物馆

图 B.11 盛京施医院

图 B.12 中德节能示范中心

图 B.13 芬兰木结构节能环保项目

图 B.14 建筑长廊远景

图 B.15“院士风范”墙

五、着力打造景观文化，提升学生文化素质

学校在建设新校园时，坚持人文校园、绿色校园的建设理念，注重富有启迪意义的历史和自然景观建设，精心设计了“院士风范”墙、专业旗广场、雷锋庭院等校园景观 100 多处，个个匠心独具，处处成为经典。“随风潜入夜、润物细无声”，校园景观文化的熏陶和感染，启迪着生活其中的每个学生的精神和心灵，营造学生成才的文化环境，全面提升学生文化素质。

图 B.16 专业旗广场

图 B.17 雷锋庭院

六、着力打造生态文化，教育学生牢固树立“绿水青山就是金山银山”的理念

学校以生态教育、生态规划、生态环境、生态管理、生态保障为载体，大力弘扬生态文化，积极促进生态文明，全力将学校打造成为环境优美、人与自然和谐共生、人与人和谐相处的生态校园。

图 B.18 稻田景观

学校在校园规划中保留了二十亩稻田，以大自然的馈赠作为校园景观。世界水稻之父袁隆平院士特意为稻田景观题词：“稻香飘校园，育米如育人。”“稻田景观”获美国景观设计师协会国际设计大奖。每当播种和收割的季节，学校都会邀请学生志愿者参与其中，让农村走出来的学子重温对大地的情感，让来自城市的同学理解大地的成熟和希望。学校建设校园湿地，在办公楼东侧建东山原生态保护区，在中央水系两侧建设野生动植物保护区，校园里建有孔雀园、鹿园，丰富的生物种类，使校园成为生物多样性的富集区和充满活力的生物圈系统。在校园园林绿地、水系、自然景观、人文景

观、小品、标识等方面充分彰显省生态文化教育示范基地的风采，获辽宁省环境友好型学校荣誉称号；2017 年，辽宁广播电视台生活频道《光大环保新辽宁》节目播出了介绍我校绿色生态校园成果的专题片《城市里的绿色家园》，受到了社会各界的广泛关注。

图 B.19 鹿园

图 B.20 孔雀园

七、着力打造工匠文化，培养现代鲁班传人

工匠精神是中华民族历经几千年铸就的传统美德，而鲁班正是工匠精神最重要的代言人，是后世公认的“工匠始祖”。学校建有鲁班庭院、鲁班塑像，将“鲁班的传人，建筑师的摇篮”这样的词句写进学校校歌当中。榫卯结构、斗拱结构这些中国古建筑的结构

方式在校园里都可以找到，让置身于内的建大学子时刻体会建筑行业的工匠文化，培养大学生锲而不舍、精益求精、追求卓越、勇于创新的精神。

图 B.21 鲁班塑像

八、着力打造雷锋文化，教育引导大学生自觉践行社会主义核心价值观

学校矢志传承雷锋精神，着力打造校园雷锋文化。学校党委确立了以学雷锋为主线的思想教育新载体，请进了雷锋班班长退役军

车，塑立了雷锋铜像，建成了雷锋庭院，组建了校园雷锋班，聘请雷锋班历任班长和学雷锋先进典型为校外辅导员。每年 3 月 5 日，学校都在雷锋庭院组织开展学雷锋主题教育实践活动：表彰学雷锋标兵、颁发雷锋班历任班长奖学金助学金、进行校园雷锋班旗帜交接、举办学雷锋事迹成果展等。每年 8 月 15 日，雷锋逝世纪念日，全校广大师生都会自发自觉地到雷锋庭院为雷锋铜像敬献鲜花，以缅怀雷锋同志的光辉事迹，表达对雷锋同志的敬仰之情。为了进一步深化学雷锋活动，学校成立了大学生雷锋精神研究会，并在网上开辟了雷锋庭院专栏。学校多次邀请雷锋传人郭明义来校宣讲。2019 年 8 月 15 日，由辽宁省委宣传部主办、辽宁省委教育工委指导、沈阳建筑大学、辽宁报刊传媒集团共同承办的“22 岁的出发”——《雷锋地图》+ 大型融创主题活动启动仪式在雷锋庭院举行，活动特别邀请了“当代雷锋”、中华全国总工会副主席郭明义出席，辽宁省委宣传部副部长孙成杰出席活动并致辞，活动号召全省青年大学生加入“22 岁的出发”学雷锋青年计划，进一步推动了辽宁省学雷锋活动创新表达和向纵深发展。近年来，学校被省委高校工委、省教育厅授予辽宁省高校学雷锋优秀组织单位，学校雷锋庭院被团省委授予辽宁省大学生学雷锋基地，学校雷锋班多次荣获“辽宁省雷锋号”光荣称号。学校被授予全国志愿者首批实训基地，雷锋文化已经深深扎根在建大的沃土之中。

图 B.22 雷锋班班长退役军车和雷锋铜像

九、着力打造廉政文化，培养大学生廉洁自律的高尚情操

学校党委大力加强廉政教育，着力打造廉政文化。学校办公楼前，悬挂题有“警钟不响人常想，警钟不鸣人长明，常想常明”警示语的警钟长鸣古钟。深入开展“廉政文化建设创新工程”活动，积极探索廉政文化建设的新形式、新载体，通过理论创新和实践创新开展廉政文化创建活动，切实加强大学生的道德修养，培养大学生廉洁自律的高尚情操。学校结合学校和当代大学生的特点，每年坚持开展廉政文化进校园的大学生“六个一”主题教育活动，即：发起一次廉洁自律倡议；聆听一次廉政教育课；重温一次入党誓词；举办一次廉洁自律格言警句、书画展览；制作一个廉洁自律宣传专栏；参加一次廉洁自律座谈会，有效促进了当代大学生树立廉洁自律的思想观念。《推进廉政文化进校园丰富校园文化新内涵——沈阳建筑大学 开展廉洁自律教育“六个一 ”主题教育活动》获得教育部“2010 年高校校园文化建设优秀成果 ”三等奖、辽宁省一等

奖。学校获辽宁省纪委颁发的辽宁省廉政文化建设先进单位称号；多次获沈阳市纪委、市委宣传部、教科工委颁发的廉政文化先进学校单位、示范单位称号。

图 B.23 廉洁文化广场

图 B.24 警钟长鸣古钟

十、着力打造校友文化，传承建大文化精神

我校为国家培养输送了10余万名各级各类高级专门人才，校友遍布世界各地，为母校的建设发展和社会文明进步作出了重要的贡献。学校非常重视校友工作，早在八十年代初期就成立了校友总会，目前，已成立遍布北美及国内各省市的88个地方校友会，活跃在全球各地，成为广大建大学子的精神家园，充分发挥着凝聚校友、服务母校、回报社会的作用。“一日在校一生为友，千里聚之千载为家”，在学校丙2楼，这样的一副对联吸引了无数人驻足，这里就是我校“校友之家 ”所在地。走入校友之家，映入眼帘的是一幅幅装裱好的老照片，从上世纪五六十年代最近毕业的校友，每一个人都可以从这些老照片和毕业合影中找到自己的身影。

图 B.25 校友之家

图 B.26 毕业合影

学校自2002年起，从1977级校友开始每年举办毕业20年、毕业30年校友返校联谊活动。学校在位于长廊东侧的铁石广场设计建设了“滚滚向前”雕塑，以原先在西院老校区轧操场的铁磙子为主体，每届毕业20年的校友回到母校，都会加铸一个铜人，一起拉动铁磙子，寓意齐心协力，共同推动学校发展滚滚向前。“滚滚向前”雕塑获全国优秀城市雕塑奖。校友们在获得成功之后，回报母校的感恩之情油然而生。校园内“新宁科学会堂”“蓝梦桥”“鹏程桥”“树化石”“书山小径”等景观建筑均为历届校友捐赠。学校聘请杰出校友出任客座教授，邀请知名校友担任“学生成长导师”和“大学生创业导师”，邀请优秀校友回校举办“校友讲坛”、作报告等。校友们的成功经验、人生感悟以及对母校的深厚情感，激发广大在校学生形成健康、积极向上的奋斗意识和爱校情怀。

图 B.27“滚滚向前”雕塑

沈阳建筑大学秉承“文化育人”的办学理念，服务于立德树人的根本任务，建设具有学校特色的文化体系，打造特色文化精品，树立学校文化形象，提升文化软实力，以特色文化引领和谐校园建设，以特色环境提升育人效果，着力建设文化传承与创新相结合、科学精神与人文精神相统一、具有时代特征和学校特色的一流大学文化。我校多项校园文化建设成果在教育部、辽宁省获奖，文化育人特色已经成为学校提升社会影响力和辐射力的重要名片。

附录C　沈阳建筑大学：传承红色基因，赓续文化血脉

1948年春天，伴随着解放战争的隆隆炮火，沈阳建筑大学的前身、一所为新中国培养军事工业专门人才的学校——中国人民解放军东北军区军工部工业专门学校诞生了，学校名誉校长便是时任东北军区军工部部长的何长工。

日月交替、岁月变迁，学校先后历经4次搬迁校址，29次更名。如今，坐落于浑河南岸的沈阳建筑大学，带着东北军工专的深深烙印已经走过了73载春秋，成为具有5个博士学位授权一级学科、3个博士后科研流动站、16个硕士学位授权一级学科的省部共建高校。回眸七秩奋斗路，一代代建大人秉承“博学善建、厚德大成”的校训精神，传承红色基因，书写出接续奋斗的壮丽篇章。

1948年，何长工担任东北军区军工部部长期间，主抓组建我军历史上最早的一所军事工业高等学校——东北军区军工部工业专门学校，即沈阳建筑大学的前身，为国防建设培养大批科技人才。

在70年的革命生涯中，何长工勤勤恳恳、百折不挠、呕心沥血、鞠躬尽瘁，为民族独立和人民解放、为实现民族振兴、国家富强和人民幸福贡献了毕生的精力，立下了不朽的功勋，实现了“甘为人民扛一辈子的长工”的誓言。

"红色人文景观带"

在学校第一运动场的北麓有一座凸起的土山，一间具有陕北民居特色的"窑洞"依山而立，院内摆放着古老的石碾和石磨，在树荫的映衬下显得格外静雅清幽。该"窑洞"景观是2004年学校新校区建设时，模拟何长工同志在陕北居住过的窑洞而建，彰显出学校在办学过程中不忘老一辈无产阶级革命家艰苦创业的初心，牢记为党育人、为国育才使命。

图 C.1 窑洞

学校把"听"到过东北军北大营抗日枪声的唯一一块残垣和教师创作的画作《英雄》，在教学楼C1馆的门厅建成"201文化空间"景观，让经过的师生在潜移默化中接受爱国主义教育。如今，这里已经成为学校爱国主义教育的重要阵地。

学校特别利用原址保留下来的日俄战争唯一的战争残垣，在校园里修建日俄战争残垣纪念碑和遗址，让师生不忘记祖国曾经经历的磨难，不忘为中华民族崛起而读书的伟大使命。

2004年，学校将雷锋所在部队雷锋班第12任到第18任班长曾经驾驶的“雷锋班退役军车”请进学校，师生捐资铸成雷锋铜像，建成“雷锋庭院”，成为“辽宁省大学生学雷锋教育基地”。师生每年立足学校雷锋庭院开展弘扬雷锋精神活动，服务地方精神文明建设。19年来，雷锋精神已经融入建大学子的血脉，代代相传。

图C.2 校史博物馆

2010年5月，学校建成了集收藏、研究、展示、教学服务和教育为一体的综合类建筑博物馆，引导师生从建筑中去感受历史，从历史中去理解建筑。目前，学校建筑博物馆已经发展成为集爱国主义教育、建筑科普宣传、建筑类人才培养、科学研究和学术交流于一体的多功能基地，成为辽宁省和沈阳市爱国主义教育基地，在加强学生爱国主义教育的过程中发挥了突出作用。

图 C.3 校史展览室

在时间与空间的交织联动下，校园红色文化景观内涵愈加丰富，已经成为新时期学校红色革命历史展示、党性教育、强化党建工作内容、增强全校师生红色文化参与性与体验性的重要平台，成为了学校传承红色基因、弘扬红色文化、引导师生自觉培育和践行社会主义核心价值观的“红色人文景观带”。学校将思政课与“红色人文景观带”结合，形成了特色的校园景观情景式、体验式思政教学新模式，取得了良好的教学效果。

学校还发挥承建辽宁省高校网络思政中心（辽宁省易班发展中心）网络优势，打造网络红色文化，利用校园网、易班平台教育引导大学生培养和践行社会主义核心价值观，用崇高的精神鼓舞人、用高尚的信仰激励人、用模范的行为引领人、用健康的情操教育人，增强网络红色文化的影响力、辐射力和覆盖面。

图 C.4 辽宁省高校网络思政中心（辽宁省易班发展中心）

特色爱国主义主题教育活动

2015 年，学校紧紧围绕党在新形势下的强军目标，以退役复学学生为主体成立了学生社团“军事爱好者协会”，建成了一支流动的驻校军训和国防教育团队，全面自主地承担新生军训工作，开展全年周期兵役动员工作，每个月为同学们做一次国防教育课，教育广大学生弘扬爱国主义精神、传承军旅文化、强化国防观念，引导学生树立崇军爱军信念，用实际行动为实现强军梦作贡献。

每年，学校都会面向师生举办隆重的“同升国旗、共唱国歌”开学第一课活动，激发师生爱国之情、报国之志，厚植爱国主义情怀，营造共享伟大荣光、共铸复兴伟业的浓厚氛围。

75 载砥砺奋进，百年路上的建大正芳华。沈阳建筑大学将继续深入落实立德树人根本任务，重视从历史中汲取智慧和力量，传承红色基因，发扬“长工精神”，为培养德智体美劳全面发展的社会主义建设者和接班人作出新的更大的贡献。

附录D　沈阳建筑大学依托何长工事迹陈列馆传承红色文化

以史为鉴，方能把握当下、走向未来。习近平同志强调："要了解我们党和国家的历史经验，正确了解党和国家历史上的重大事件和重要任务。这对正确认识党情、国情十分必要，对开创未来也十分必要。"当前，各高校都在深入开展党史学习教育活动。沈阳建筑大学立足本校实际，深入挖掘何长工事迹新的时代精神内涵及育人价值，从多个方面探索其育人价值实现的路径。

沈阳建筑大学是一所具有红色基因的高校，这段历史为学校开展红色教育提供了珍贵的记忆。1948 年的 4 月，东北地区革命形势急速发展，考虑到革命斗争的需要，同时也要为即将诞生的新中国工业发展储备人才奠定基础，中共中央东北局、东北军区军工部党委决定建立一所东北军区军工部工业专门学校。何长工当时任东北军区军工部部长，他临危受命，在人才短缺的艰难情况下，独立自主、自力更生，完成了创建东北军区军工部工业专门学校的任务，可以说，这是我军历史上较早的一所军事工业高等学校。学校校址先后建在吉林敦化和哈尔滨沙曼屯，直至 1948 年 11 月，沈阳解放，东北军区军工部随后迁往沈阳，东北军区军工部工业专门学校也在 1949 年迁至沈阳文官屯，这就是沈阳建筑大学的前身。2020 年 12

月8日，何长工同志诞辰120周年的纪念日，沈阳建筑大学党委书记董玉宽在“学四史、知校史，传承红色基因、打造红色文化——纪念何长工同志诞辰120周年座谈会”上激励全校师生进一步学习何长工事迹。这样的活动也为研究生的党史学习教育提供了更加丰富的教学资源和教学内容。2021年6月22日，沈阳建筑大学在校内徽派古建筑园举行何长工事迹陈列馆开馆仪式。学校始终认为，在研究生党史学习教育过程中，真实的人物事迹作为榜样示范可以为受教育者提供更容易接受的教育内容。

学史明理。理论上的清醒是信仰坚定的前提。在开展研究生党史学习教育过程中，沈阳建筑大学非常注重校园环境建设，学校依托何长工事迹陈列馆等建筑营造红色校园环境，为开展研究生的党史学习教育体验式教学提供了物质环境。正如马克思所言：人创造环境，同样环境也塑造人。校园环境作为一种特殊的景观类型，是诠释校园精神的途径。研究生们在参观何长工事迹陈列馆的过程中，通过一件件展品、一个个故事，可以更加深刻理解一名优秀的中国共产党员的成长历程，可以更加明白“中国共产党为什么能”的道理。由此，更加坚定对党的领导的信心。在社会主义建设道路初步探索的理论成果讲授过程中，可以融入何长工为新中国初期地质事业的无私贡献和推动新中国第一批地质仪器生产厂、地质资料馆、地质博物馆、地质图书馆建立的事迹，以生动的事例让学生们理解老一辈无产阶级革命家的爱国主义情怀。

学史增信。历史是最好的教科书。能够用好历史这本教科书进行高校研究生的党史学习教育同样是一门艺术。高校要积极运用红色资源，讲好革命故事。正如习近平总书记在党史学习教育动员大会上所言：“抓好青少年学习教育，让红色基因、革命薪火代代传承。”如何使理想信念教育更加接地气，更加符合现代审美是高校进行研究生党史学习教育中需要思考的问题。在这一教育过程中，遵循教育教学规律、学生成长规律，通过依托体验式、情景式教育，在传授党史知识的过程中加深情感培养，增强文化自信。结合何长工事迹陈列馆的展品，教师讲授了这样一个故事：1927 年 9 月，毛泽东领导工农革命军首次打出自己的旗帜，与此同时，工农革命军在湘赣边界进行了轰轰烈烈的秋收起义。然而，秋收起义遭受到了严重的挫折，毛泽东当机立断，迅速将这支武装力量向井冈山转移。初至井冈山，在毛泽东的领导下，军民同心，先后攻下了茶陵、遂川、宁冈三县，建立起这三县的工农兵政府，最终在 1928 年 2 月，胜利地开创了以宁冈县为中心的湘赣边界割据局面，这也就是井冈山革命根据地的雏形。在这期间，何长工亲手设计了工农革命军的第一面军旗。因为早年在比利时学习时修习过建筑设计，所以受命与参谋长钟文璋、参谋处长陈明义、司务长杨立三一起在修水县的钱出会馆师参谋办公室秘密设计制作军旗。秋收起义的准备时间非常有限，上级对军旗的样式没有具体要求，当然，以当时的条件，也没有可以参考的样旗。何长工在法国求学期间曾亲眼看过苏联红军军旗的样式，基于此，何长工提议“模仿苏联红军军旗的大概样式，反映工农革命军的性质，设计一面有镰刀斧头和五角星图案的红旗”。最终设计出来的军旗样式就是旗底为红色，象征革命；旗中五角星代表中国共产党；全旗所表达的意思就是中国共产党领导的军队，为工农利益而奋斗。靠旗杆有一条十厘米宽的空白，上面写着“工农革命军第一军第一师”的番号。秋收起义前夕，工农革命军的第一面军旗在师部战士的保护下，首先飘扬在了师部上方。此后，“人民军队的军旗样式作过多次修改，但组成军旗的基础图案（五角星、镰刀、斧头或锤子）和鲜红的旗色没有变”。何长工不仅设计了军旗，还参加了秋收起义，始终跟随毛泽东。到达井冈山后，何长工积极改造旧式农民武装，为工农革命军扎根井冈山立下了汗马功劳。在讲授这段历史的过程中，学生们深刻体会到了老一辈无产阶级革命者对党的忠诚。

学史崇德。回望百年党史，正是“大德”指引着老一辈无产阶级革命先烈英勇奋斗，成全公义。新时代高校的研究生成长于思想多元化的社会，而红色资源产生于特定的时代背景之中，这一时空上的距离就使得高校研究生与红色资源之间树起了一堵历史的高墙。基于此，在将红色资源融入到高校研究生党史学习教育的进程中应该注意增强教学案例的时代感与代入感，只有让学生产生共鸣，才能实现预期的效果，由此来完成道德品格教育。何长工作为中国近现代史上一名传奇人物，作为沈阳建筑大学的老校长，他从一个农民的儿子成长为革命家、军事家、教育家的故事更加贴近研究生的实际生活，从而为高校研究生党史学习教育提供了丰富的素材。

学史力行。积极运用红色资源，讲好革命故事，结合党史学习教育，传承好红色基因，坚定理想信念。正如习近平总书记在党史学习教育动员大会上所言：“抓好青少年学习教育，让红色基因、革命薪火代代传承。”当今的高校研究生大多是“95后”和“00后”，他们成长在改革开放开启的美好时代中，并没有真正经历过中国曾经的贫穷。基于此，党史教育在高校研究生的培育过程中具有重要的立德树人价值。在走进何长工事迹陈列馆那一刻，通过教师向研究生们讲述何长工一生为党和人民事业不懈奋斗的历程，引导研究生们从历中汲取成长的营养。事实上，中国共产党从1921年成立，时至今日，始终保持着一种昂扬向上的革命精神，也始终存续着一种不断增强斗争本领的紧迫感，这始终是中国共产党能够不断发展壮大的重要武器和优良传统。要用中国共产党的宝贵经验帮助学生们在实际生活中不畏艰险，砥砺前行。

附录E　沈阳建筑大学开展校园景观体验教学活动情况

一、沈阳建筑大学“思想道德与法治”课开展校园景观体验教学实施方案

为贯彻落实全国高校思想政治工作会议精神、教育部《高校思想政治工作质量提升工程实施纲要》和教育部《新时代高校思想政治理论课教学工作基本要求》精神，积极贯彻、深入推进文化育人的理念和要求，“要更加注重以文化人以文育人”，将其融入思想政治理论课教学各个环节，“思想道德与法治”决定依托学校校园景观文化开展现场体验教学，特制定以下实施方案。

（一）校园景观文化体验教学目的

校园景观文化作为校园文化中一个重要的组成部分，蕴含着丰富的思想政治教育元素和资源。为了充分调动和实现校园景观文化所承载的思想政治教育功能，从而不断提高思想政治理论课的吸引力，增强思想政治理论课的教学效果，在严格执行国家思想政治理论课教学要求的前提下，“思想道德与法治”有目的、有计划地进行校园景观文化体验教学。通过校园景观文化体验教学这一环节，

让学生在现场体验教学中提高自己的世界观、人生观、价值观、道德观和法治观，更好地完成“思想道德与法治”的教学目标。

（二）校园景观文化体验教学内容设计

以“思想道德与法治”教学大纲为基础，以世界观、人生观、价值观、道德观和法治观为主线，结合学校校园景观文化的特色和优势，对思想道德与法治课教学体系进行重新提炼和整合，设计出7个方面的教学内容并依此开展体验教学，具体包括：爱校荣校教育、人生观教育、理想信念教育、爱国主义教育、社会主义核心价值观教育、道德教育和廉政文化教育。

1. 爱校荣校教育。依托“稻田”景观，围绕绪论“担当复兴大任 成就时代新人”开展爱校荣校教育体验教学。

2. 人生观教育。依托装配式建筑实验楼“盒子一号”景观，围绕第一章“领悟人生真谛 把握人生方向”开展人生观教育体验教学。

3. 理想信念教育。依托何长工事迹陈列馆，围绕第二章“追求远大理想 坚定崇高信念”开展理想信念教育体验教学。

4. 爱国主义教育。依托世纪之星广场的“钱学森雕像”景观，围绕第三章“继承优良传统 弘扬中国精神”开展爱国主义教育体验教学。

5. 社会主义核心价值观教育。依托二楼长廊院士墙景观，围绕第四章“明确价值要求 践行价值准则”开展社会主义核心价值观教育体验教学。

6. 道德观教育。依托“雷锋庭院”的“雷锋班退役车”和“雷锋塑像”景观，围绕第五章“遵守道德规范 锤炼道德品格”开展社会主义道德教育体验教学。

7. 廉政文化教育。依托行政楼前广场“红墙”和“古钟”景观，围绕第六章“学习法治思想 提升法治素养”开展廉政文化教育体验教学。

（三）校园景观文化体验教学组织方法

1. 教师集体备课。“思想道德与法治”教研室全体教师定期进行集体备课，通过研讨和交流，解决体验教学问题，评价体验教学效果，同时，深入挖掘学校景观文化特色，不断改进体验教学计划、丰富体验教学内容、创新体验教学模式。

2. 教师全程参与。在严格执行国家思想政治理论课教学要求前提下，每位教师拿出一个学时的课上理论教学学时开展体验教学并全程参与体验教学的设计、组织、指导与评定。

3. 成立体验小组。为保障体验教学的有序化和规范化，学生以班级为单位，自由组合成 4 个体验小组，每组 7 ～ 8 人，设组长 1 人，小组成员相互配合，共同收集分析资料，准备发言讨论提纲并做小组总结。

4. 实行过程考核。学生在体验教学环节的成绩评定，由教师根据学生在体验教学中的实际参与程度、现实表现和最后提交的书面材料质量给出客观公正的评分，作为学生思想道德与法治课平时成绩的一部分。

（四）校园景观文化体验教学具体实施

依托校园景观文化开展的体验教学过程分为 6 个步骤：

1. 景观介绍。学生一边亲身参观校园景观，教师一边介绍其由来和历史并联系理论讲解其蕴含的精神。

2. 现场交流。根据教师提前布置的主题和重点，每个小组代表进行交流发言，展示本组学习成果。

3. 点评总结。教师对每个小组现场交流情况予以点评，评选出最佳实践小组，最后进行归纳总结，帮助学生提升理论认识。

4. 主题活动。通过开展讨论、比赛、演讲和服务等形式多样的主题活动，强化对学生的教育和引导。

5. 布置作业。教师布置课后体验作业，加深学生的参与感悟和体验。

6. 考核总结。每个体验小组上交本组学习成果总结，每名学生上交个人学习收获和心得体会，教师认真批阅完成考核。

二、沈阳建筑大学校园景观体验教学典型教学案例

人生观教育体验教学案例

（思想道德与法治教研室）

案例主题：依托雷锋庭院“盒子一号”景观，围绕第一章第一节开展人生观教育体验教学。

结合章节：思想道德与法治 第一章 领悟人生真谛 把握人生方向 第一节人生观是对人生的总看法

案例意义：

在“盒子一号”景观开展人生观教育体验教学，可以加强学生对人的本质、人生观、人生目的、人生态度和人生价值的学习。激励学生在新时代的长征路上，作为新时代的建筑人，要扎根中国大地，不负建功立业的人生际遇，不负天将大任于斯人的时代使命，不负党的期望、人民的期待、民族的重托，用努力奋斗的青春，把自己成就为一个有理想、有本领、有担当的时代新人！

案例描述：

人生观教育体验教学实施过程：

①景观介绍：学生共同亲身参观雷锋庭院“盒子一号”景观，教师介绍其这一景观的由来和历史。

②内容讲授：

课堂导入：这个冬天，新冠肺炎疫情突然来袭，它干扰了同学们的生活学习，也牵动了热血青年们的情绪，我们在为生命的脆弱感到伤感的同时，也会更加格外珍惜生命和思考生命的意义。我能为国家做些什么？我的出现对这个世界有什么意义？习近平总书记在致全国青联学联的贺信当中曾经指出，士不可以不弘毅，任重而道远，国家的前途、民族的命运、人民的幸福，是当代中国青年必须和必将承担的重任。那么在这场关系到中国前途命运的战役之中，我们的青年一代是不是担起了自己的责任？又该怎样担起自己的青春责任？这就是第一章人生的青春之问所要学习的问题。

内容讲解：为了回答上述的问题，我们首先就要正确认识人是什么，人的本质是什么。下面我们将通过参观、探讨“盒子一号”的建设过程来共同学习第一章第一节人生观是对人生的总看法。

问题一：马克思对人的本质的科学论述

深入研讨：人是什么？人的本质是什么？人生观是什么？

问题二：人生观的主要内容

教师结合盒子项目从职业角色层面向同学们介绍需要的职业人员：设计类岗位包括结构设计师，针对建筑产品内部结构进行设计，其他岗位还有施工员、安全员、质量员、造价员等。

教师总结：以上是结合同学们的专业与技能对今后能够成为什么样的人进行总的描述。那么结合职业和自己的生活，我们要成为什么样的人呢？

人生目的，人生目的是指生活在一定历史条件下的人在人生实践中关于自身行为的根本指向和人生追求。

人生态度，人生态度是指人们通过生活实践形成的对人生问题的一种稳定的心理倾向和精神状态。

人生价值，人生价值是指人的生命及其实践活动对于社会和个人所具有的作用和意义。

问题三：个人与社会的辩证关系

提问：新冠肺炎疫情来临，火神山、雷神山以及十余座方舱医院迅速建成，在这背后有哪些建筑秘诀呢?

与“盒子一号”技术相类似，两家医院设计采取钢结构箱式房进行装配式安装施工，工业化和装配化程度较高，速度快，例如铁憨憨么忠孝他所在的岗位就是在车间里加工钢梁、檩条、斜撑等构件；信息化智能化，中央集中控制的概念也是一致的，在设计安装最初就开展了统一各设计施工部门融合施工；不同于“盒子一号”的内容，主要集中在污水和垃圾处理上，需要特殊安装地膜进行处理，这也是传染病医院建设不同于一般商业项目的特点。

总结拓展：

中国制度的优势：火神山、雷神山医院建设迅速，都是10天左右交付，彰显了中国速度。一方面，展示了国内建筑企业无论是设计施工能力、技术实力还是项目执行力均位居世界超一流水平；另一方面，展现了国内包括建筑企业在内的众多行业抗击新型冠状病毒的坚定信心、团结奋战与勇挑重担的大局观。我们充分相信中国共产党和政府防控疫情的能力，只要我们同舟共济、科学防治，一定能取得这场疫情防控阻击战的胜利。今天，中国“组织起来”的能力，应该是中国体制自1949年以来形成的最大的财富之一，特别是国难当头的时候，更加体现出社会主义制度的优越性。

正确对待个人与社会的辩证关系：在武汉，不是只有么忠孝一个铁憨憨，还有很多建筑行业的技术人员、管理人员、施工人员乃至工人都是铁憨憨，他们冒着风险顶着寒冷，他们用自己的行为给国家投了“赞成”票。铁憨憨们很清楚，人是社会的人，人生的自我价值同社会价值是相辅相成、相互依存、相互制约、相互促进的。中国的“组织起来”不是说不要个人的积极性，恰恰相反，“组织起来”首先就是要确立秩序，有了这样的条件，个人生活才能出彩。在井然有序的条件下，中国人几乎个个是龙，既可以联合起来一起攻克难关，做成别人做不成的大事，也可以发挥个人的积极性，使自己的人生变得非常精彩。

③现场交流：根据教师提前布置的重点，四个小组代表围绕人生价值的实现进行交流发言，讲述自己的感悟和体会，激发学生树立正确的人生观并成就为一个有理想、有本领、有担当的时代新人！

④归纳总结：教师对每个小组的现场交流发言情况予以点评和总结，鼓励同学们作为新时代的建筑人，扎根中国大地，不负建功立业的人生际遇，不负天将大任于斯人的时代使命，不负党的期望、人民的期待和民族的重托。

⑤布置作业：教师布置课后实践作业——如何创造和实现有意义的人生，加深学生的人生观体验教学感悟和理论认识。

⑥考核总结：每个实践小组上交本组学习成果总结，每名学生上交个人学习收获和心得体会，教师认真批阅完成考核。

案例反思：

人生观教育体验教学后学生纷纷表示，这样的体验教学活动能够使其发自内心地接受教育并真正地融入教学，也给他们留下了深刻的印象，自己对人的本质、人生观、人生目的、人生态度和人生价值的认识更加深入，并表示作为新时代的建筑人，要扎根中国大地，不负建功立业的人生际遇，不负天将大任于斯人的时代使命，不负党的期望、人民的期待、民族的重托，用努力奋斗的青春，把自己成就为一个有理想、有本领、有担当的时代新人！

理想信念教育体验教学案例

（思想道德与法治教研室）

案例主题：依托何长工事迹陈列馆，围绕第二章第二节开展理想信念教育体验教学。

结合章节：思想道德与法治 第二章 追求远大理想 坚定崇高信念 第二节 坚定信仰信念信心

案例意义：

长征这一人类历史上的伟大壮举，留给我们最可宝贵的精神财富，就是中国共产党人和红军将士用生命和热血铸就的伟大长征精神。通过在“何长工事迹陈列馆”景观开展长征精神教育体验教学，可以激发学生深刻认识红军长征的重大意义，深切体悟红军战士们长征的艰辛和危险，从而牢记伟大长征精神、学习伟大长征精神、弘扬伟大长征精神，增强对马克思主义、共产主义的信仰，增强对中国特色社会主义的信念，增强对实现中华民族伟大复兴的信心。

案例描述：

理想信念教育体验教学实施过程：

①景观介绍：学生共同亲身参观“何长工事迹陈列馆”景观，教师介绍其由来和历史，同学们在这里身临其境地体验红军血战湘江、飞夺泸定桥、激战腊子口、爬雪山、过草地、渡激流、战险阻的长征岁月，全面了解了红军长征的历史，最后同学们在雕像肃立，共同缅怀何长工。

②内容讲授：

课堂导入：

提问：2021年是红军长征胜利85周年，85年前中国工农红军二万五千里的长途跋涉，他们战胜了各种艰难险阻，也创造了世界军事上的奇迹，那么，中国工农红军主要是依靠什么战胜了千难万险，取得了长征的伟大胜利？

教师总结：习近平总书记在十八届中央政治局第一次集体学习时的讲话上指出，理想信念就是共产党人精神上的“钙”，没有理想信念，理想信念不坚定，精神上就会“缺钙”，就会得“软骨病”。而85年前支撑红军长征胜利的精神支柱和力量源泉，无疑就是对革命理想的执著追求和革命必胜的坚定信念，这也是长征精神的灵魂。作为新时代的大学生，弘扬伟大的长征精神，不断用理想信念为精神“补钙”，对于实现中国特色社会主义新长征，实现中华民族伟大复兴的中国梦，具有极其重要的现实意义。

讲授新课：理想信念是精神之“钙”

1934年10月，第五次反“围剿”战争失败后，中国工农红军开始离开江西瑞金进行战略大转移，至1936年10月止，红军走过了赣、闽、粤、湘等十五个省，经过了五岭山脉、湘江、乌江、金沙江、大渡河以及雪山草地等万水千山，行程达两万五千里。这就是举世闻名的二万五千里长征。长征，在人类历史上前所未有，极其伟大。它创造了无与伦比的英雄业绩，谱写了惊天地、泣鬼神的伟大革命诗篇。它是中国革命史上的奇迹，世界军事史上的伟大壮举。长征的胜利就是长征精神的胜利，那么什么是长征精神，长征精神的核心和灵魂是什么，我们首先来一起探讨这个问题。

问题一：长征精神的内涵及核心

伟大的长征，不仅是中国共产党及其领导的工农红军创造的人间奇迹和中华民族惊天动地的英雄史诗，而且给党和人民留下了伟大的长征精神。长征精神是中华民族百折不挠、自强不息的民族精神的最高体现，是保证我们革命和建设事业从胜利走向胜利的强大精神力量。

长征精神的内涵：

胡锦涛同志在纪念红军长征胜利 70 周年大会上的讲话中，高度评价了红军的二万五千里长征，并用精辟的语言概括了长征精神。他指出，长征精神“就是把全国人民和中华民族的根本利益看得高于一切，坚定革命的理想和信念，坚信正义事业必然胜利的精神；就是为了救国救民，不怕任何艰难险阻，不惜付出一切牺牲的精神；就是坚持独立自主、实事求是，一切从实际出发的精神；就是顾全大局、严守纪律、紧密团结的精神；就是紧紧依靠人民群众，同人民群众生死相依、患难与共、艰苦奋斗的精神”。

长征精神的核心：

长征精神是一个辩证统一的完整体系，有其丰富的思想内涵。其中，坚定的理想信念，既是长征精神的重要组成部分，又是长征精神其它内容赖以形成和发展的基础，是统帅和贯穿长征精神其它内容的灵魂，是长征精神的核心。

问题二：坚定的理想信念是长征精神的灵魂

坚定的理想信念，是红军忠于党、顾全大局、维护党和红军团结的政治基础。

案例一：长征初期，湘江之战后，中央红军由长征出发时的 8.6 万人锐减至 3 万多人。在党和红军面临险境决路的情况下，红军广大指战员并没有因为革命遭到巨大挫折而失去对党的信任和丧失对革命的信心，始终保持理想不移、信念不灭，对党的耿耿忠心不变，跟着党英勇地鏖战在长征的万里征途上。

红一、四方面军会师后，党内又出现了张国焘反对北上、坚持南下的分裂党和红军的错误主张。在这种情况下，毛泽东等中央领导同志果断地带领中央机关和红一方面军主力脱离险境。红四方面军广大指战员在朱德、刘伯承等的积极争取下，坚决拥护党中央北上方针，与红二方面军共同北上，于 1936 年 10 月三大主力胜利会师。

教师总结：是理想和信念的力量，将一次严重挫折后的战略转移，变成了“历史上最盛大的武装巡回宣传”，使革命化险为夷、转危为安。是理想和信念的力量，克服了张国焘分裂党和红军的错误，维护了党和红军的团结和统一，胜利地完成了伟大的长征。正如邓小平同志所说：“为什么我们过去能在非常困难的情况下奋斗出来，战胜千难万险，使革命胜利呢？就是因为我们有理想，有马克思主义信念，有共产主义信念。”

坚定的理想信念，是红军不怕流血牺牲、浴血奋战、无坚不摧、一往无前、战胜强大敌人的精神动力。

案例二：长征的胜利，是无数红军指战员用鲜血和生命换来的。1934 年 10 月，红一方面军作战部队 8.6 万多人踏上长征之路，1935 年 10 月到达陕北吴起镇时全军仅为近 8000 人。1935 年 4 月，红四方面军近 lO 万大军开始西渡嘉陵江，1936 年 10 月到达甘肃会宁时全军 3.3 万余人。1935 年 11 月，红二方面军 2.1 万多人从国民党 30 万大军的合围中冲出，踏上了长征之路，1936 年 10 月到达将台堡与红一方面军会师时，全军 1.1 万多人。红 25 军——红四方面军是中国工农红军中第一支到达陕北的部队，全军兵力最多时不足 8000 人，最少时兵力只有 1000 多人。

据统计，指挥员的平均年龄不足 25 岁，战斗员的年龄平均不足 20 岁，14 岁至 18 岁的战士至少占 40%。在长征征途上，武器简陋的红军所面对的往往是装备了飞机大炮且数十倍于己的敌人。年轻的红军官兵能在数天未见一粒粮食的情况下，不分昼夜地翻山越岭，然后投入激烈而残酷的战斗，其英勇顽强和不畏牺牲精神和行为举世无双。在两万五千里的征途上，平均每 300 米就有一名红军牺牲。长征中牺牲的营以上干部就有 430 多名，其中有邓萍、吴焕先、曾中生、罗南辉等军以上干部 10 余名。

[教师总结] 在中国工农红军中，无论是政治和军事精英，还是不识字的红军战士，官兵如同一人的根本是他们都坚信自己是一个伟大事业的奋斗者，他们都坚信中国革命的队伍“杀了我一个，还有后来人”，他们激情万丈、前赴后继、视死如归，直至长征的胜利。

坚定的理想信念，是红军不畏艰难困苦，征服无数自然险阻和饥寒伤病种种磨难的重要精神支柱。

案例三：长征跨越了中国 15 个省份，转战地域面积的总和比许多欧洲国家的国土面积都大。长征翻越了 20 多座巨大的山脉，其中的 5 座位于世界屋脊之上且终年积雪。长征渡过了 30 多条河流，包括世界上最汹涌险峻的峡谷大江。长征走过了世界上海拔最高的广袤湿地，那片人烟罕至的湿地的面积几乎和法国的国土面积相等。而更重要的是，在总里程超过两万五千里的长征途中，中国工农红军始终在数十倍于己的敌人的追击、堵截与合围中，遭遇的战斗在 400 场以上，平均 3 天就发生一次激烈的大战。除了在少数地区短暂停留之外，在饥饿、寒冷、伤病和死亡的威胁下，中国工农红军在长征中不但要与重兵“围剿”的敌人作战，还需要平均每天急行军 50 公里以上。在人类战争史上不说绝无仅有，也极其罕见。

教师总结：红军正是凭借“革命理想高于天”的坚定信念和不畏艰难困苦的革命乐观主义精神，克服种种困难并征服了大自然。这种理想信念的力量，正如美国著名作家哈里森·索尔兹伯里所说：“人类的精神一旦唤起，其威力是无穷无尽。”

问题三：坚定的理想信念是进行新长征的动力保证

今天，我们生活在和平与幸福之中，不再有血与火、生与死的考验，但是，长征中红军追求的崇高理想尚未完全实现，信念仍在。大学生是祖国未来建设的生力军，是社会主义事业的接班人，肩负着在新世纪进行新长征的历史使命，更要坚定理想和信念。

树立中国特色社会主义的共同理想

提问：苏联解体的原因？

教师总结：苏共亡党、苏联解体的原因是多方面的、综合的，有历史和现实的、国内和国际的原因，有政治、经济、思想和民族的多种因素，但最终都离不开一个根本的原因，那就是整个国家和社会缺乏社会主义的共同理想。

任何社会和民族要形成一股统一的力量，必须要有共同的理想，否则曾经的辉煌就有可能成为明日黄花。我们正在建设有中国特色的社会主义，也需要将全体人民和民族紧密地团结在一起为之奋斗。这种将我国各族人民联系在一起的力量是在全体人民的心中树立中国特色社会主义的共同理想。

在中国共产党的领导下，坚持和发展中国特色社会主义，实现中华民族伟大复兴，这是现阶段我国各族人民的共同理想。

坚定对中国共产党的信任

中国共产党的领导地位是历史形成的

1900 年，中国是一个跌倒的巨人，被八国联军侵略，庚子赔款 4.5 亿两。百年中国政治舞台，各种力量，任东、西方列强掠夺、凌辱。熙熙攘攘、来来往往，有谁能够救中国于水火？在守护民族利益和国家安全面前，从无穷无尽灾难中走出来的中国共产党人以其震惊中外的坚苦卓绝的奋斗向世界证明：只有共产党能够救中国。

在 100 多年来的所有政治力量中，只有中国共产党人才能够做到坚决有效地捍卫国家利益和民族利益，中国共产党的领导地位是历史形成的，是中国人民在长期艰苦斗争中的选择。

要对中国共产党的领导充满信心

我们的党曾出现过失误，但是那些失误都是暂时的，不应该成为我们对中国共产党的领导产生动摇的依据。我们应该对中国共产党领导我们进入一个新时代和发展阶段充满信心。

案例四：苏联解体 15 周年之际，俄新社发表了一篇题为《没有苏共的 15 年：俄罗斯人想回到过去》的文章。一方面，俄罗斯人很怀念苏联，在内心深处，苏联解体是一道不愿触及的伤疤。随着时光的流逝，人们越来越怀念曾经拥有辉煌历史的苏联。俄社会舆论基金会的民调结果显示，66% 的俄罗斯人对苏联解体感到惋惜，57%的受访者认为，苏联解体是可以避免的。另一方面，对苏共的认识渐趋理性。51% 的俄罗斯人认为苏共功大于过，只有 15% 的人认为苏共过大于功，还有 51% 的人认为苏共有可取之处。

2000 年 2 月，普京竞选总统时引用了俄家喻户晓的一句名言："谁不为苏联解体而惋惜，谁就没有良心；谁想恢复过去的苏联，谁就没有头脑。"之后，根据普京的提议，俄国家杜马选用苏联国歌作为俄国国歌，用红旗作为俄军军旗。2004 年普京曾公开表示，"我深深地相信，苏联解体是全民族的重大悲剧"，其间"大多数公民一无所获"。2005 年，普京在发表国情咨文时也指出："苏联解体是 20 世纪最大的政治灾难。"

教师总结：历史是不可逆的，也没有重头再来的可能性，为了避免俄罗斯人的悲剧重演，我们作为有理性辨别能力的大学生，应该认识到在当代中国只有中国共产党能够带领中国人民实现中华民族的伟大复兴。

坚定中国特色社会主义的信念

中国特色社会主义道路，就是在中国共产党领导下，立足基本国情，以经济建设为中心，坚持四项基本原则，坚持改革开放，解放和发展社会生产力，巩固和完善社会主义制度，建设社会主义市场经济、社会主义民主政治、社会主义先进文化、社会主义和谐社会，建设富强民主文明和谐的社会主义现代化国家。

课堂讨论：马克思在100多年前就预言，资本主义必然灭亡，社会主义必然胜利。列宁说资本主义是腐朽的，垂死的。但现实是，资本主义不但没有灭亡，而且获得了新的发展，在二战以后的70多年来在生产力和科学技术方面的发展，超过了以往几百年历史发展的总和，表明资本主义有继续存在、发展的生命力。我们该如何来看待这种资本主义的新变化和社会主义的新情况？

教师总结：首先，资本主义发生的新变化有其内在的原因：

在与社会主义的较量过程中，不断自觉地进行了自我调节和调整，包括借鉴社会主义的一些有效作法；

借助于科学技术的推动、新的科技革命推动；

在经济发展上，将计划因素引入市场，实行政府调控，将市场与计划结合起来，即将“看得见的手”与“看不见的手”结合起来，利用财政、金融等经济手段调节资本主义经济运行，使经济危机趋于缓和；

借鉴社会主义福利政策和保障制度，工人运动逐渐走入低潮；

由一般垄断资本主义——国家垄断资本主义——国际垄断资本主义，不断开拓国际贸易空间，但其本质依然没有改变。

其次，从历史角度看，一种新的社会形态取代旧的形态，都不可能在短暂的时间内完成。生产力越落后，转变所需时间越长。

坚定实现中华民族伟大复兴的信心

新中国成立以来特别是改革开放 40 多年来，我国社会主义建设取得了举世瞩目的巨大成就，中华民族的伟大复兴展现出前所未有的光明前景。

我们比历史上任何时期都更接近实现中华民族伟大复兴的目标，比历史上任何时期都更有信心、更有能力实现这个目标。

结语：红军长征胜利已经过去 85 年，而红军长征精神的影响将是长久的。弘扬长征精神，坚定理想信念，仍然是我们党领导人民进行新长征、再创新辉煌所必需的。只要我们像当年党培育长征精神、率领红军夺取最后胜利一样，坚定中国特色社会主义共同理想，坚定马克思主义的科学信仰，我们就一定能够跨越新长征途中的万水千山，把我国建设成富强、民主、文明、和谐、美丽的社会主义现代化强国。

③现场交流。根据教师提前布置的主题，每个小组代表围绕新时代如何弘扬和践行长征精神进行交流发言，展示本组学习和讨论情况。

④归纳总结。教师对每个小组的事迹介绍和现场交流情况予以归纳和点评，激励同学们要弘扬长征精神，为了实现人类最伟大的理想——共产主义而斗争。

⑤布置作业。鼓励学生利用假期积极投身社会开展弘扬践行长征精神活动并在参与中感悟、在实践中体验。

⑥考核总结：每个实践小组上交本组学习成果总结，每名学生上交个人学习收获和心得体会，教师认真批阅完成考核。

5. 案例反思：

理想信念教育体验教学后，学生们纷纷表示这样的体验教学吸引力更大、感染性更强，并纷纷表示更要认真学习、传承长征精神，像何长工那样坚定对马克思主义的信仰、对中国特色社会主义的信念、对实现中华民族伟大复兴中国梦的信心，为共产主义理想奋斗一生。

爱国主义教育体验教学案例

（思想道德与法治教研室）

案例主题：依托世纪之星广场的“钱学森雕像”景观，围绕第三章第二节开展爱国主义教育体验教学。

结合章节：思想道德与法治 第三章 继承优良传统 弘扬中国精神 第二节做新时代的忠诚爱国者

案例意义：

“两弹一星”元勋钱学森的生平、经历体现着对科学的执着热爱、对真理的毕生追求，尤其是新中国成立后，他毅然决然地放弃了美国麻省理工学院的终身教授身份申请回国，却被美国软禁起来。期间，无论是金钱、地位和荣誉，还是威胁、恫吓和折磨，都不能销蚀他回归祖国献身人民革命事业的心志。最终，他花了 5 年的时间才冲破重重阻挠回到了祖国并为我国导弹和火箭事业的发展作出了卓越贡献，体现着深厚的爱国主义精神。通过在“钱学森雕像”景观开展爱国主义教育体验教学，可以激发学生大力弘扬爱国主义精神、“两弹一星”精神，为实现中华民族伟大复兴的中国梦贡献自己的力量。

案例描述：

爱国主义教育体验教学实施过程：

①景观介绍：学生共同亲身参观世纪之星广场的“钱学森雕像”景观，教师介绍其这一景观的由来和历史，同学们在钱学森雕像前肃立，共同缅怀“中国航天之父”“火箭之王”和“导弹之父”钱

学森。

②内容讲授：

课堂导入：1956年，毛泽东曾说，“我们还要有原子弹。在今天的世界上，我们要不受人欺负，就不能没有这个东西”。“原子弹，没有那个东西，人家就说你不算数”。邓小平也说过：“如果60年代以来中国没有原子弹、氢弹、没有发射卫星，中国就不能叫有重要影响的大国，就没有现在这样的国际地位。大家要记住那个年代。”可以说社会主义新中国是在一片废墟上建立起来的，主要依靠两根支柱，一根大庆油田，一根两弹一星。原子弹既是和平的最大威胁，也是维持和平的重要条件。新中国顶住了美国和苏联两面的压力，在1964年就试爆了核弹，两年后试爆了氢弹。1966年10月27日，导弹核试验成功。与美苏英法相比，从第一颗原子弹到第一颗氢弹，美国用了7年零4个月，苏联用了3年零11个月，英国用了4年零6个月，法国用了8年零6个月，中国只用了2年零8个月。苏联第一颗卫星83.46公斤，美国的第一颗卫星8.22公斤，中国的卫星173公斤。从研制运载火箭成功到发射人造卫星，美国用了13年，苏联用了12年，我国只用了2年的时间。所以我们不仅要记住那个年代，还要记住两弹一星的功勋。

从第一颗原子弹爆炸（新疆罗布泊）到第一颗导弹核武器研制成功，美国用了13年，而我国仅用了两年多的时间。这一成就震惊了世界。而为这一重大成就做出重要贡献的功勋就是被美国海军次长金波尔称为“抵得上5个师”的著名科学家钱学森。美国一位专栏作家这样说：“金波尔的话说错了，钱学森在科学上的价值岂止只抵三、五个师的兵力，他替中共研制的飞弹，不但完全平衡了中共与美国之间战略武器的差距，也使中国对苏联的威胁产生抗衡。同时，在美、苏两大军事强权之间，中国以其飞弹实力，加上

10 亿人口，与苏、美形成了鼎足之势，简直是以一人之力换一国之力。”

内容讲解：现在就让我们共同走近钱学森。他是新中国航天事业的奠基人，中国两弹一星功勋奖章获得者，被誉为“中国航天之父”“中国导弹之父”“中国自动化控制之父”和“火箭之王”。2009 年钱学森逝世，享年 98 岁。可以说，没有钱学森，中国导弹、火箭、航天事业，在国际社会对我国技术封锁情况下不会发展如此之快。航天事业起步于 20 世纪 50、60 年代，最早由钱学森提出建立导弹、火箭、航天事业，提出航天事业发展阶段，导弹、火箭、人造卫星、载人航天，由周恩来决定按照钱学森的建议由他组建第一个火箭导弹研究机构。

钱学森 36 岁时博士毕业后，成为麻省理工学院最年轻终身教授，师从世界著名空气动力学教授冯卡门。新中国成立后，钱学森想要回归祖国，但是被美国软禁了五年。期间，无论是金钱、地位、美誉和舒适的生活，还是威胁、恫吓、歧视和折磨，都销蚀不掉钱学森回归祖国献身人民革命事业的心志。那几年，他们全家一夕三惊，为此经常搬家。如他的夫人蒋英回忆说，“我们总是在身边放好了三只轻便箱子，天天准备随时获准搭机回国”。

教师总结：钱学森令人佩服之处不仅是在航空航天领域的不懈追求、杰出成就，最令人感动的是时刻怀揣着一颗拳拳报国之心——中国心。他人生中有三次感动，“第一次是在 1955 年，我被允许可以回国了。我拿着一本我刚出版的《工程控制论》交到老师冯·卡门手里。他翻了翻感慨地说：你现在在学术上已经超过了我。我钱学森在学术上超过了这么一位世界闻名的大权威，为中国人争了气，我激动极了”；“第二次是建国 10 周年时，我被接纳为中国共产党党员，我激动得睡不好觉”；“中央组织部决定雷锋、焦裕禄、王进喜、史来贺和钱学森这五位作为解放50年来在群众中享有崇高威望的共产党员的优秀代表。我能跟他们并列，心情怎不激动？！”

巩固加深：在钱老心里国为重，家为轻，科学最重，名利最轻，五年回国路，十年两弹成，他是知识的宝藏，是科学的旗帜，更是中华民族知识分子的典范。像钱学森这样的科学家还有许多：钱三强、李四光、华罗庚、邓稼先等，新中国成立后他们纷纷回国，在他们看来，事业和荣誉只有同祖国联系在一起才是有意义的，科学没有国界，但科学家有祖国。爱国是他们实现人生价值的力量源泉。

③现场交流：根据教师提前布置的重点，四个小组代表围绕新中国“两弹一星”元勋邓嫁先、朱光亚、于敏和郭永怀的奋斗过程和爱国事迹进行交流发言，讲述自己的感悟和体会，激发学生大力弘扬“两弹一星”精神，为实现中华民族伟大复兴的中国梦贡献自己的力量。

④归纳总结：教师对每个小组的现场交流发言情况予以点评和总结，鼓励同学们大力弘扬“热爱祖国、无私奉献，自力更生、艰苦奋斗，大力协同、勇于登攀”的“两弹一星”精神，为实现中华民族伟大复兴的中国梦贡献自己的力量。

⑤布置作业：教师布置课后实践作业——新时代如何做一名忠诚的爱国者，加深学生的爱国主义体验教学感悟和理论认识。

⑥考核总结：每个实践小组上交本组学习成果总结，每名学生上交个人学习收获和心得体会，教师认真批阅完成考核。

案例反思：

爱国主义教育体验教学后，学生们纷纷表示，此次体验教学活动使爱国主义教育内容更加容易被他们所接受，也给他们留下了深刻的印象，对钱学森等“两弹一星”元勋们的科学成就和爱国精神表达出深深的敬意，并表示一定会大力弘扬“热爱祖国、无私奉献，自力更生、艰苦奋斗，大力协同、勇于登攀”的“两弹一星”精神，为实现中华民族伟大复兴的中国梦贡献自己的力量。

道德观教育体验教学案例

（思想道德与法治教研室）

案例主题：依托雷锋庭院“雷锋班退役车”和“雷锋塑像”景观，围绕第五章第一节“社会主义道德的核心与原则”开展社会主义道德教育体验教学。

结合章节：思想道德与法治 第五章 遵守道德规范 锤炼道德品格 第一节社会主义道德的核心与原则

案例意义：

弘扬雷锋精神是我校思想政治教育的主线，依托“雷锋庭院”的“雷锋班退役车”和“雷锋塑像”景观，重点围绕共产主义战士雷锋所具有的为人民服务的精神进行讲解，加深同学们对新时代弘扬和践行雷锋精神的认识和体会，勉励学生像雷锋一样树立马克思主义道德观，弘扬社会主义道德，在崇德向善的实践中不断锤炼道德品格、提升道德境界。

案例描述：

雷锋精神教育体验教学实施过程：

①现场参观：学生共同参观雷锋同志事迹图片展，清扫、擦拭“雷锋班退役车”和“雷锋全身铜像”，在“雷锋塑像”面前肃立，共同缅怀这位平凡而伟大的共产主义战士。

②内容讲授：

课堂导入：雷锋庭院质朴的外观，宁静中带着祥和，在建大的校园中已静静度过10余载春秋，成为我校一处具有特殊意义的人文景观，不仅是辽宁省大学生学雷锋教育基地，同时也是我们建大人和辽宁省人民学习雷锋精神的鲜活教材。

提问：同学们知道这辆“雷锋车”及其背后的故事吗？

内容讲解：在我们沈阳建筑大学教学区庭院内，有一处独特的校园景观，一辆退役的雷锋班车，一尊雷锋铜像，以及钢结构顶棚，组成了雷锋庭院，在建大的校园中已静静度过了十余载春秋。庭院中的“雷锋车”是雷锋生前所在雷锋班的退役班车，1977 年到 1991 年，这辆车在雷锋生前所在班服役。它陪伴过 6 任雷锋班班长和近百名雷锋班战士。

2004 年，我们沈阳建筑大学将雷锋班退役车请进了校园，建起了钢结构的亭子，全校师生捐款近两万元铸成了雷锋铜像，安置在“雷锋车”旁，实现了“老兵”与“老班长”的跨世纪“相聚”。从此，雷锋庭院成为学校一处具有特殊意义的人文景观，它是辽宁省大学生学雷锋教育基地，是建大人和辽宁省人民学习雷锋精神的鲜活教材。

2005 年 2 月 28 日，17 位雷锋班历任班长从祖国各地相聚学校，参加学校纪念“向雷锋同志学习”42 周年活动，并决定设立雷锋班班长基金，长期资助沈阳建筑大学的贫困大学生。在我们建大用行动展现了对雷锋精神的传承。

2018 年暑假，在我们建校 70 周年庆典前夕，由学校设计院设计并出资，对雷锋庭院进行了翻新改造。翻新后的雷锋庭院，更具有纪念性和仪式感。在布局上增加了“雷锋庭院”四个大字、军功章地雕、雷锋日记台铭以及雷锋雕像短轴线的设计。在空间上改变了原地平的高度，增加了三级台阶设计，更有力地强调和突出了轴线。在庭院棚顶设置了“为人民服务”红色旗帜，寓意建大人代代传承、擎起为人民服务的雷锋精神之旗。

雷锋，这个只有 22 年短暂生命的年轻人，为什么他的魅力会如此之大呢？带着这个问题，让我们一起踏着雷锋车的足迹，再一次走进雷锋。

雷锋，出生在二十世纪四十年代一个贫苦农民家中，由于遭受旧社会残害，短短三年间，雷锋的五位亲人在饥寒交迫中相继离世，刚刚七岁的他就成了一名孤儿，生活凄苦不堪。解放后，在党和政府的关怀下，雷锋参加了儿童团，进了学校读书，参加了解放军，最终成为所有人学习的榜样。经历了新旧社会两重天地的雷锋，始终念念不忘毛主席和共产党的恩情，始终秉丞着一颗感恩之心，把自己所做的一切都归功于党和人民的养育之恩。

深入研讨：一直以来，我们都在学习雷锋，并不断赋予雷锋精神新的时代内涵，那么雷锋精神包括哪些内容？

教师总结：2018 年 9 月 28 日，习近平同志在参观抚顺市雷锋纪念馆时指出，雷锋是时代的楷模，雷锋精神是永恒的，并对雷锋精神进行了新的时代概括，指出雷锋具有“信念的能量、大爱的胸怀、忘我的精神、进取的锐气”，是“我们民族精神的最好写照”。

雷锋 1960 年 1 月参加中国人民解放军，同年 11 月加入中国共产党。共产主义的理想、为共产主义奋斗的信念，从小就在雷锋心里萌芽生根，是他人生旅程上牢固的精神支柱和强大的精神动力。1959 年 12 月 4 日，雷锋参军前夕，他在日记中写道：“只要组织上批准我入伍，我一定要把自己最可爱的青春献给我们的祖国，做一个真正的共产主义革命战士。”参军后他在日记中写道：“我觉得一个革命者活着就应该把毕生精力和整个生命为人类解放事业——共产主义全部献出。我活着，只有一个目的，就是做一个对人民有用的人。”他在日记中反复倾诉自己的心声：“我要坚决听党的话，一辈子跟着党走，认真贯彻党的方针政策，对党有利的话有益的事，我要多说、多做，对党不利的话，没有益的事，我坚决不说、不做。

我要全心全意为人民服务，永生为伟大的共产主义事业而奋斗。”雷锋的誓言，写在文字中，刻在思想里，体现在一生为共产主义理想奋斗的行动中。1963 年 3 月，邓小平同志题词指出："谁愿当一个真正的共产主义者，就应该向雷锋同志的品德和风格学习。”

今天，雷锋已成为引领时代的精神坐标，雷锋精神已在广袤的道德土壤里根深叶茂、彰显着前所未有的生机和活力。

总结拓展：同学们从农民雷锋、工人雷锋，到军人雷锋，回顾了雷锋用实际行动实现了全心全意为人民服务的人生誓言。热爱党、热爱祖国、热爱社会主义，全心全意为人民服务是雷锋一生的真实写照，也是雷锋精神的灵魂。时代发展中变换的是时代的主题，不曾改变的是雷锋精神的精神内涵，其中凝炼了新中国成立以来时代发展的精神品格，担当着整个中华民族的价值引领。

当我们真正理解了“雷锋精神”的精神内涵，就会知道，学习“雷锋”绝不仅仅是凭借“满腔热情”去开展的偶然性的“模仿行为”。在 21 世纪的今天，立足新时代的中国，我们无论在学校中学习还是将来走进生产实践与社会生活中，都应该自觉地将全心全意为人民服务的精神在自身的生产生活中表现出来，将国家、民族的利益放在首位，将全心全意为人民服务真正地内化、升华、传承为普遍性的自觉践行。

未来展望：新时代大学生如何学习“雷锋精神”？

今天，中国特色社会主义进入了新时代，我们学习、传承雷锋精神，将“学雷锋”深化为“学精神”，突破榜样中的“个体”的局限性，凸显“学精神”的普遍性。学习的是雷锋精神中超越时空的人性品质和人格力量，才能够从初衷上理解雷锋、从本质上学习雷锋。正如毛主席指出的："学习雷锋，不是学他哪一两件事迹，也不只是学他的某一方面的优点，而是要学他的好思想、好作风、好品德；学习他长期一贯地做好事，而不做坏事；学习他一切从人民的利益出发，全心全意为人民服务的精神。”

③现场交流。根据教师提前布置的主题，每个小组分别围绕 3 个主题进行交流发言，展示本组学习和讨论情况。

第 1 组：随着时代的发展变化，我们应该如何理解雷锋精神？（10 人一组，讨论地点：雷锋车旁）

第 2 组：作为大学生应该怎样为人民服务？（10 人一组，讨论地点：雷锋像旁）

第 3 组：你认为雷锋精神的核心是什么？（10 人一组，讨论地点：红五星地标旁）

④归纳总结。教师对每个小组的事迹介绍和现场交流情况予以归纳和点评，激励同学们要像雷锋那样树立马克思主义道德观，弘扬社会主义道德，在崇德向善的实践中不断锤炼道德品格、提升道德境界。

⑤布置作业。鼓励学生利用假期积极投身社会开展弘扬践行雷锋精神活动并在参与中感悟、在实践中体验。

⑥考核总结：每个实践小组上交本组学习成果总结，每名学生上交个人学习收获和心得体会，教师认真批阅完成考核。

案例反思：

雷锋教育体验教学后，学生们纷纷表示这样的体验教学打破了思想政治理论课一味进行理论灌输的模式，吸引力更大、感染性更强，并纷纷表示今天中国特色社会主义进入了新时代，年轻学子更要认真学习、传承雷锋精神，像雷锋那样树立马克思主义道德观，弘扬社会主义道德，在崇德向善的实践中不断锤炼道德品格、提升道德境界。

法治观教育体验教学案例

（思想道德与法治教研室）

案例主题：依托古钟红墙景观，围绕第六章第四节“培养法治思维 不断提升法治素养”开展法治观教育体验教学。

结合章节：思想道德与法治 第六章 学习法治思想 提升法治素养 第四节 自觉尊法学法守法用法

案例意义：

以“古钟红墙”特色校园景观为依托开展体验教学。将加强大学生廉政教育的重要性引入教学过程，通过与学生的互动讨论使学生参与其中，层层深入地启发学生审视自身廉政问题。在注重互动性的同时，提高学生参与课堂教学的实效性。本课程采用案例教学法和讨论教学法相结合的方式，注重知识的完整性、系统性；注重课堂感染力、吸引力的提升；注重学生系统性知识体系的形成，力争实现教学的基本目标。

案例描述：

体验教学实施过程：

问题一：“古钟红墙”校园景观概况

教师介绍：这面红砖墙是由西院老校区的建筑拆迁后保留下的红砖和黑砖构成，红砖是构造的主体，黑砖记录着过去和现在的信息。用这红砖建造的大楼曾培育了千千万万的学子。虽然历经风雨沧桑，依然是那样的宁静和坚固。如今，红砖又成为新校区的一座带有信息的丰碑。数字1948下面是西院老校区的身影，两个圆点是老校区主楼内的楼梯扶手的端点，数字2002下面是如今新校区整体建筑风格的缩影。

从墙上老校区的简笔画到拔地而起的新校园，红墙从西院来到浑南的天空下，建大所经历的那段沧桑岁月也被其一并带到了新校区。简单的符号表达的却是对历史的继承和对未来的展望。红墙是一座丰碑，记录下了建大曾经的岁月，也将见证建大未来的辉煌！

红墙和这座悬挂题有“警钟不响人常想，警钟不鸣人常明，常想常明”的警钟长鸣古钟共同构成了我们的“古钟红墙”景观。

多年来，我们沈阳建筑大学紧紧围绕“立德树人”根本任务，牢固树立“文化育人”的办学理念，依托特色校园景观构建了红色文化、校史文化、雷锋文化、廉政文化等“十大文化”育人体系。其中，依托学校办公楼前“古钟红墙”景观开展校园廉政文化创建活动，目的是培养我校师生廉洁自律的高尚情操。

问题二：加强大学生廉政教育的必要性

教师介绍：同学们接下来我们思考这样一个问题，我们国家、学校为什么要对大学生开展廉政教育？

学生讨论：加强大学生廉政教育的必要性、重要意义是什么？

教师点评：大学生廉政教育是国家未来反腐倡廉工作取得关键胜利的基础。廉政教育是国家反腐倡廉建设中的“防火墙工程”，而大学生廉政教育更是一种“面向未来”的教育。未来社会能否廉洁清明，相当程度上取决于当下大学生的廉政意识。

加强大学生廉政教育也是高校落实立德树人根本任务的内在要求。中共中央国务院从2005年开始就陆陆续续颁布了一系列文件要求将廉政教育作为大学生思想政治教育的重要组成部分。这同样也是培养什么人、怎样培养人、为谁培养人的应有之义。纵观一些落马的高级领导干部和企业高管大都有“苦难的童年、奋斗的青年、上升的中年、悔恨的晚年”。这些悲剧的一幕幕上演，警钟再一次敲响，因此，有必要让咱们青年大学生早日领悟，切莫发出悔不当初的感慨。

廉政教育同样也是大学生成长成才的必要途径。大学阶段是学生心理、生理逐步成熟的阶段。这一阶段的你们思维活跃、接受能力强、具备一定的知识储备、有辨别是非的能力，但还不是那么完善，三观尚未成熟，需要正确的引导和教育。因此在这一时期，对各位大学生进行廉政教育，可以帮助大家树立正确的权力观、名利观，树立正确的世界观和人生观，建立强烈的社会责任感和高尚的道德情操，扣好人生第一粒扣子。

除此之外，在当前就业形势依旧严峻的大背景下，用人单位对应聘者职业道德十分看重，而大家在校期间接受的廉政教育也是岗前的职业道德教育。通过廉政教育培养各位大学生清正廉洁、一身正气、无私奉献、严于律己的价值观念，使大学生在步入社会选择职业时具备相当的先天优势，在激烈的竞争中脱颖而出，也能走好之后的人生道路。

大学生廉政教育可以多角度、多维度地开展，比如，咱们沈阳建筑大学结合学校和当代大学生的特点，每年都会坚持开展的获得很多奖项和荣誉的推进廉政文化进校园 丰富校园文化新内涵——沈阳建筑大学开展廉洁自律教育“六个一”主题教育活动，即发起一次廉洁自律倡议；聆听一次廉政教育课；重温一次入党誓词；举办一次廉洁自律格言警句、书画展览；制作一个廉洁自律宣传专栏；参加一次廉洁自律座谈会，这些都有效促进了当代大学生廉洁自律思想观念的养成。希望同学们关注这个活动，到时积极踊跃参加。

同样，廉政教育也有必要结合道德教育、政治教育、法治教育、心理教育、传统文化教育等多学科协同推进。但今天我们针对《思想道德与法治》这本书第六章法治部分内容的特点，依托“古钟红墙”这个校园景观，仅从法治教育、警示教育这个方面展开。这就要求我们大学生培养法治思维、不断提升法治素养。

问题三：培养法治思维 提升法治素养

法治思维的含义

课程导入：党的十八大以来，习近平同志在许多重要场合多次提到“法治思维”的概念。法治兴则国兴，法治强则国强。用法治保障人民权益、增进民生福祉，已成为新时代社会发展的必然趋势。然而，在我们的现实生活中，从“顶流明星被批捕”到“辱骂殴打防疫人员”，从“搞地域歧视的‘正黄旗’大妈”到“游客在野生动物园随意下车，被老虎拖走事件”，种种无视规则、法治思维缺失的情形还时有发生。那么，什么是法治思维？法治思维有什么深层含义？培养社会主义法治思维对于当代大学生有什么重要意义？新时代如何提高大学生法治素养？让我们带着这些问题，开始今天的学习。

教师讲授：法治思维内涵丰富、外延宽广，不同的学者对“法治思维”给出了不尽相同的界定。

观点一：张文显教授在主编的《法理学》教材中指出：“法治思维是基于法治的固有特性和对法治的信念认识事物、判断是非、解决问题的思维方式。”

观点二：姜明安教授认为：“法治思维是执政者在法治理念的基础上，运用法律规范、法律原则、法律精神和法律逻辑对所遇到或所要处理的问题进行分析、综合、判断、推理和形成结论、决定的思想认识活动与过程。”

观点三：陈金钊教授指出：“法治思维是指受法律规范和程序约束、指引的思维方式。”

由于在不同的历史时期，法治建设有不同的重点，因而法治思维的内容也会呈现出不同的样态。在现阶段，法治思维的核心在于限制、约束（公）权力任意行使以及保障公民权利的实现。从整体的角度看，法治思维不仅是指依法办事，而且包含了对公平、正义、权利、自由的价值追求。

尽管几位学者对于法治思维的概念界定各有差异，但几位学者都看到了法治思维是围绕着法律规范、原则、理念而生成的一种思维方式。因此我们认为：法治思维是指以法治价值和法治精神为导向，运用法律原则、法律规则、法律方法思考和处理问题的思维模式。

如何更好地理解这个概念？接下来，我们通过对一起热点案件的分析，挖掘出法治思维的深层含义。

可能有很多同学在2018年的暑期看过一部影片——《我不是药神》。电影讲述了徐峥扮演的主人公程勇，从一个交不起房租的“神油店”小老板，一跃成为印度仿制药“格列宁”独家代理商的故事。影片中“情与法”的抉择给我们留下了很深的印象，同时也引发我们的深思。这部电影改编自一个著名的现实事件——2015年的陆勇案。这个案件在当年就很轰动，央视《今日说法》《新闻1+1》《面对面》都曾经报道过。因为电影的热映，有“代购印度抗癌药第一人”之称的陆勇也再度引起关注。

2015年，47岁的陆勇是江苏无锡一家针织品出口企业的老板。2002年的时候，陆勇被检查出患有慢粒白血病，医生推荐他服用瑞士诺华公司生产的名为“格列卫”的抗癌药。服用这种药品，可以稳定病情、正常生活，但需不间断服用。这种药品的售价是2.35万元一盒，陆勇每个月需要服用一盒。药费加治疗费用几乎掏空了他的家底。

2004年6月，陆勇偶然了解到印度也生产类似“格列卫”的抗癌药，药效几乎相同，但一盒仅售4000元。于是陆勇开始服用印度产“格列卫”，并于当年8月在病友群中分享了这一消息。后来，有5个QQ群、千余名白血病患者，都跟陆勇一样开始去银行汇款，从印度直接购买这种廉价抗癌药来维持生命。但因汇款程序复杂，很多人不会操作，于是请陆勇帮助购药。

为方便给印度公司汇款，陆勇从网上买了3张借记卡，并将其中一张卡交给印度公司作为收款账户，另外两张卡因无法激活，被他丢弃。2013年8月下旬，湖南省沅江市公安局将曾购买借记卡的陆勇抓获。同年11月23日，陆勇被刑事拘留。2014年7月，陆勇因涉嫌妨害信用卡管理罪和销售假药罪被检察机关提起公诉。近千名白血病患者联名写信，请求对陆勇免予刑事处罚。2015年2月26日，湖南省检察院公开发布了沅江市检察院对陆勇作出不起诉决定的法律文书及《释法说理书》，对社会关切进行了回应。

我们来分析沅江市检察院在处理这起案件中所体现出来的法治思维。

综观全案事实，呈现四个基本点：①陆勇的行为源起于自己是白血病患者而寻求维持生命的药品；②陆勇所帮助买药的群体同样是白血病患者，没有为营利而从事销售或中介等经营药品的人员；③陆勇对白血病病友群体提供的帮助是无偿的；④在国内市场合法抗癌药品昂贵的情形下，陆勇的行为客观上惠及了白血病患者。

因此，沅江市检察院认为，陆勇的行为虽然在一定程度上触及到了国家对药品和对信用卡的管理规范，但这种行为的实际危害程度相对于白血病患者这个群体的生命权和健康权而言，是难以相提并论的，如果不顾及后者而片面地将陆勇在主观上、客观上都惠及白血病患者的行为认定为犯罪，显然与司法为民的价值观相悖。

而且，陆勇的上述轻微违法行为，发生在自己和同病患者为维持生命而进行的寻医求药过程中，这些行为发生在其难以承受高昂合法药品费用的情形下，如果对这种弱势群体自救行为中的轻微违法行为以犯罪对待，显然也有悖于刑事司法应有的人文关怀。因此，沅江市检察院依法决定“不起诉”体现了刑事司法捍卫人的尊严与保障人权的法治理念，揭示了司法的本质不仅惩恶，还有扬善，这正是法治思维作为正当性思维的体现。

因此，我们总结出法治思维包含的第一层含义：法治思维是以法治价值和法治精神为指导，蕴含着公正、平等、民主、人权等法治理念，是一种正当性思维。

法治思维包含的第二层含义：法治思维以法律原则和法律规则为依据来指导人们的社会行为，是一种规范性思维。

有人说沅江市检察院向法院请求撤回起诉是被“情”所感，被舆论左右的。但事实上并非如此。本案虽存在“情”与“法”的冲突，但沅江市检察院在此案的处理过程当中，坚守法律至上的原则，以法律规则和法律原则为依据指导案件审查过程。

比如，沅江市检察院认定陆勇的行为不构成销售假药罪，是在全面系统分析这个案件的全部事实后得出的结论。陆勇的行为是买方行为，并且是白血病患者群体购药整体行为中的组成行为，寻求的是印度赛诺公司抗癌药品的使用价值。其中可能有违反我们国家《药品管理法》第三十九条第二款有关个人自用进口的药品，应按照国家规定办理进口手续的规定，但陆勇的行为毕竟不是销售药品的行为，因而不构成销售假药罪。

还比如，陆勇通过淘宝网购买 3 张以他人身份信息开设的借记卡，并使用其中一张户名为“夏维雨”的借记卡的行为，违反了金融管理法规，但其目的和用途完全是方便白血病患者购买抗癌药品，除此之外，陆勇没有将该借记卡账号用于任何营利活动，更没有实施其他危害金融秩序的行为，也没有导致任何方面的经济损失。因此情节显著轻微，危害不大，根据《中华人民共和国刑法》第十三条“但书”的规定，不认为是犯罪。根据《中华人民共和国刑事诉讼法》第十五条第（一）项和第一百七十三条第一款的规定，决定对陆勇不起诉。

同学们看，沅江市检察院对于这起案件的审查和处理都是依据法律原则和法律规则来进行的，这正是法治思维作为规范性思维的体现；

第三，法治思维以法律手段与法律方法为依托分析问题、处理问题、解决纠纷，是一种可靠的逻辑思维。在陆勇案中，检察机关批准逮捕、提起公诉是出于对人民群众生命健康安全的重视，撤销起诉则是出于对案件定性的严谨，两者并不矛盾。事实上，如果陆勇从境外购进药品后销售，从中赚取差价牟利，那么他必将受到法律的严惩。因此，沅江市检察院以法律手段与法律方法为依托分析问题、处理问题、解决纠纷的方式，正是法治思维作为可靠的逻辑思维的体现；

第四，法治思维是一种符合规律、尊重事实的科学思维。

什么是科学思维？科学思维就是实事求是的思维。在法律领域，就是“以事实为依据，以法律为准绳”的思维。纵观陆勇案的整个过程，每一个回合、每一个环节都是对案件事实的进一步认定，都是对法律适用的进一步规范。无论是最开始的批准逮捕、提起公诉，还是后来的取保候审、决定不起诉，检察机关所做的每一个决定都于法有据，经得起考验。相信这也是社会公众、新闻媒体为检察机关点赞的重要原因。因此，沅江市检察院以事实为依据、以法律为准绳的案件处理方式，充分体现了法治思维是一种符合规律、尊重事实的科学思维。

小结：该案被评选为2015年度检察机关十大法律监督案例。“温暖的撤诉”与之前很多“息事宁人”的判决形成了鲜明的对比；

一方面，在“情”与“法”的抉择中，捍卫了法律的尊严，另一方面，在此案中让公众再一次感受到了公平与正义。

因此，《人民日报》在评“陆勇案”时写到：“法律不是冷冰冰的规则、条例，虽然法律有时显得不近人情，但法律的最终目的是为了维护人民的权益、维护社会的正常运行。那些认为法律就是单纯惩罚“犯规者”的论调，只会曲解立法者的原意，破坏法律的整体实施效果。必须坚持法治建设为了人民、依靠人民、造福人民、保护人民，以保障人民根本权益为出发点和落脚点，这样的精神值得所有执法司法人员细细揣摩、深刻领会。”

培养大学生法治思维的意义

教师讲授：大学生是建设社会主义法治国家的重要力量

法律是治国重器，是国家治理体系和治理能力的重要依据。“国无常强，无常弱。奉法者强，则国强；奉法者弱，则国弱。”大学生作为中国特色社会主义事业的建设者和接班人，这一重要地位决定了大学生的法律素质高低将直接影响法治中国的进程。培养大学生的法治思维，也是由其特殊的历史使命决定的。今天的大学生不仅是担当民族复兴大任的时代新人，更是法治国家的建设者和捍卫者。而法治思维的养成需要一个长期的过程，因此，为了中国特色社会主义事业后继有人，为了社会主义法治国家的加快建成，必须加强对大学生的社会主义法治思维的培养。

部分大学生存在法治思维缺失的行为表现

同学们咱们一起来回忆下，近年来发生的大学生犯罪案件。马加爵案；药家鑫案；复旦投毒案；中国政法大学弑师案；北大学子弑母案。这几起都是震惊国内的大学生恶性杀人案，也无一例外都是被判处了死刑的案件。

大学生天之骄子，不可谓学识不广、素质不高。但仅因一些生活琐事，就对室友、老师、甚至自己的母亲痛下杀手。当代大学生的健康成长，除了具备科学文化知识，还应具备哪些素养？时间的关系在这我们就不讨论了，同学们课后好好的思考一下。

仅针对这节课的内容呢，我简单谈谈我的想法。一些大学生的违法犯罪行为，暴露了他们在法治思维方面的缺失。法治思维显示的是我们深层次的法治态度，不仅是从形式上的守法与用法，更重要的是要在内心形成对法律的尊重和认同，将法治理念内化为思维方式。法治思维养成是一个从形式到实质、从被动到主动、从工具到目的的过程。因此，培养大学生的法治思维，是提升大学生自身素质，保障大学生健康成长的需要。

促进全社会尊重和维护法律权威的需要

课程导入："破窗效应"理论

美国斯坦福大学心理学家菲利普·津巴多于1969年进行了一项实验，他找来两辆一模一样的汽车，把其中一辆停在加州帕洛阿尔托的中产阶级社区，而另一辆停在相对杂乱的纽约布朗克斯区。停在布朗克斯的那辆，他把车牌摘掉，把顶棚打开，结果当天就被偷走了。而放在帕洛阿尔托的那一辆，一个星期仍安然无恙。后来，津巴多用锤子把那辆车的玻璃敲了个大洞，结果仅仅过了几个小时，它就无影无踪了。以这项实验为基础，政治学家威尔逊和犯罪学家凯琳提出了一个"破窗效应"理论。

破窗效应是犯罪学的一个理论，这个理论认为环境中的不良现象如果被放任存在，会诱使人们效仿，甚至变本加厉。比如：有人打坏了一幢建筑物的窗户玻璃，而这扇窗户又没有得到及时的维修，别人就可能受到某些示范性的纵容去打烂更多的窗户。久而久之，这些破窗户就给人造成一种无序的感觉，结果在这种公众麻木不仁的氛围中，犯罪就会滋生、蔓延。

学生互动：生活中的“破窗效应”有哪些?

教师点评：没错，这些都是“破窗理论”的表现。事实上，人们并非不了解他们的行为可能带来的法律后果，但由于法律实施机制的失效，就使得一旦有人逃脱了法律的及时制裁，其他人就会形成“法不责众”的责任扩散心理。只要法律的实施机制还存在漏洞，“机会主义违法”就难以避免。因此，在全社会范围内树立起对法律的尊崇和信仰、树立法律权威，让全体成员都能够尊重法律、敬畏法律、维护法律，这是实现社会有序运行和长治久安的根本保证。

不断提升法治素养

教师讲授：我国目前的法律体系已相对完善，有法可依也已经成为人们的共识。但不可否认的是，在我们的现实生活中，还有不少人存在漠视法律、损害社会利益、他人利益的行为。比如，长期以来备受关注的明星涉税问题。2018 年范某某“阴阳合同”以及今年的郑某涉税问题曝出后，执法机关第一时间介入，严格依法按程序对案件事实进行了详细调查，并根据涉案金额和违法行为作出处罚，积极回应了公众关切，维护了法律权威。

新时代大学生的法治素养，关系全民族法治素养的总体水平，关系法治中国建设的进程。提升法治素养是大学生成长成才的内在需要。大学生要从尊重法律权威、学习法律知识、养成守法习惯、提高用法能力等几个方面，不断提升自己的法治素养。

尊重法律权威。法律通过调整社会关系，规范人的行为，保障社会成员的利益，实现稳定合理的社会秩序。党的十八届四中全会审议通过的《中共中央关于全面推进依法治国若干重大问题的决定》强调，“法律的权威源自人民的内心拥护和真诚信仰。”卢梭也曾经说过：“一切法律中最重要的法律，既不是刻在大理石上，也不是刻在铜表上，而是铭刻在公民的内心里。”伯尔曼也在其《法律与宗教》

一书中写到：“法律必须被信仰，否则形同虚设。”

尊重法律权威，最重要就是要信仰法律，对法律常怀敬畏之心，关于法律信仰，最生动的解读莫过于苏格拉底之死了。

在西方历史上，有两个人的死亡对后世产生了深远的影响，一个是耶稣，另一个就是苏格拉底。苏格拉底是古希腊著名的思想家、哲学家、教育家、公民陪审员。苏格拉底和他的学生柏拉图，以及柏拉图的学生亚里士多德并称为“古希腊三贤”，被后人广泛地认为是西方哲学的奠基者。

由于苏格拉底经常指出别人的无知，因此招致了一些心胸狭隘的人的嫉妒和怨恨。公元前399年，雅典法庭以“侮辱雅典神”“引进新神”和“腐蚀青年思想”三个罪名判处了苏格拉底死刑。执行死刑之前，苏格拉底的学生劝他逃走，他们买通了狱卒，为他制定了周密的逃走计划。令人吃惊的是，苏格拉底拒绝逃走，他说：“逃监是毁坏国家和法律的行为，如果法庭的判决不生效力、被人随意废弃，那么国家还能存在吗？……如果我含冤而死，这不是法律的原因，而是由于恶人的蓄意……”就这样，70岁的苏格拉底喝下了毒酒，平静地离开了人间。

学生互动：如何看待“苏格拉底之死”？

教师点评：法律要发生作用，全社会都要信仰法律。如果对法律不信任，认为靠法律解决不了问题，而总是想找门路、托关系，或是采取极端行为，也是不可能建成法治社会的。这是提升法治素养要做到的第一个方面，尊重法律权威。

教师讲授：

学习法律知识。学习和掌握基本的法律知识，是提升法治素养的前提。一个对法律知识一无所知的人，不可能具备法治素养。法律知识通常包括法律法规方面的知识以及法律原理方面的知识，这两部分法律知识对于培养法治思维、提升法治素养都很重要。我们讲到的“陆勇案”中，检察机关对陆勇做出不起诉的决定，依据的条文是《中华人民共和国刑法》第十三条、《中华人民共和国刑事诉讼法》第十五条第（一）项和第一百七十三条第一款的规定，这背后的法理依据是什么呢？沅江市检察院的《释法说理书》当中讲到的，如果认定陆某的行为构成犯罪，将背离刑事司法应有的价值观，即与司法为民的价值观相悖，与司法的人文关怀相悖，与转变刑事司法理念的要求相悖。“不起诉”恰恰体现了刑事司法捍卫人的尊严与保障人权的法治理念与法治精神。因此，只有既了解法律法规在某个问题上的具体规定，又了解法律的原理、原则，才能更好地领会法律精神、提升法治素养。

养成守法习惯。守法，就是任何组织或者个人都必须在宪法和法律范围内活动，任何公民、社会组织和国家机关都要以宪法和法律为行为准则，依照宪法和法律行使权利或权力、履行义务或职责。立法者制定法的目的就是要使法在社会生活中得到遵守。如果法制定出来了，却不能在社会生活中得到遵守和执行，那必将失去立法的意义和法的权威与尊严。正如沈家本所说：“法立而不行，与无法等，世未有无法之国而能长治久安者也。”养成守法习惯，不仅要有基本的法律知识，更要有遵守规则的意识，坚持从具体事情做起。

具体来说要求我们大学生参与社会活动、实施个人行为的时候，都要以法律为依据，不得违反法律规范。处理问题、作出决定时，要先问问在法律上“是什么”和“为什么”，是否合法可行。在处理守法与违法的关系时，要防微杜渐，防止因小失大。在面临选择的重大关头，要依法冷静权衡，防止因头脑发热或心存侥幸而铸成大错。在学习和生活中，大学生应做到懂规矩、守规则、依规范，坚持依法办事。

提高用法能力。学法是为了更好地用法，用法也是守法的升华。正如党的十八届四中全会通过的《中共中央关于全面推进依法治国若干重大问题的决定》指出的那样，要推动全社会树立法治意识，坚持把全民普法和守法作为依法治国的长期基础性工作，深入开展法治宣传教育，引导全民自觉守法、遇事找法、解决问题靠法。

在这为大家介绍一个案例，发生在几年前的“天才程序员之死”。

视频：程序员之死

这个事件很简单，我再稍微做个补充。天才程序员苏享茂与职业婚托结婚，在还没有领证结婚之前就被以各种理由，什么买房、买车、买包包骗了1000多万。结婚不到一个月，之前温柔体贴的翟某性情大变，稍不如意就大吵大闹，还经常殴打苏享茂。苏享茂忍受不了提离婚。翟某立刻翻脸，向其索要1000万的精神损失费和三亚的一套房产，不然就举报苏享茂公司灰色运营及偷税漏税。公司是苏享茂全部的心血，而且此时的苏享茂已经把所有的身家都给了翟某，什么都没有了，被逼无奈之下，选择跳楼结束自己年轻的生命。

咱们在这分析一下，程序员苏享茂到底是怎么死的？第一，他是悔死的，这些年自己辛辛苦苦挣的钱都让婚托给骗走了，懊悔！悔死的！第二，他是被吓死的，因为他的公司可能涉及到一些逃税的问题，所以前妻翟某用这个来威胁他，他害怕，吓死的。但咱们回头想想，第一，假如苏享茂他一直是守法公民的话，他没有任何逃税、漏税这样的问题，他会被别人抓住把柄吗？最关键的是假如他遇事找法、解决问题靠法，他只要咨询一下律师，这个问题也不是无可挽回的。

首先，他在离婚协议里边给出的财产是可能要回来的。而且这个“逃税罪”也不是致人于死地的重罪。我们来分析下这里面的法律问题，首先，程序员苏享茂支付给前妻的部分财产可不可以追回？我们看法律是怎么规定的。《婚姻法》解释二 第九条：男女双方协议离婚后一年内就财产分割问题反悔的，请求变更或者撤销财产分割协议的，人民法院应当受理。但人民法院审理后，未发现订立财产分割协议时存在欺诈、胁迫等情形的，应当依法驳回当事人的诉讼请求。

在本案中是否存在欺诈胁迫？他遇到的是婚托，当然存在欺诈，而且那个人以告发他逃税罪为由来要挟他，这还存在胁迫，所以本案中既存在欺诈又存在胁迫，他完全可以请求法院重新审理这个案件，撤销离婚协议返还财产，重新分配。

第二个问题是程序员苏某是否构成逃税罪？如果有逃税行为，是否一定构成犯罪，是否一定是个重罪呢？我们看法律怎么规定？“逃税罪”是指纳税人采取欺骗、隐瞒手段进行虚假纳税申报或者不申报，逃避缴纳税款数额较大并且占应纳税额10%以上的，处三年以下有期徒刑或者拘役，并处罚金；数额巨大并且占应纳税额30%以上的，处三年以上七年以下有期徒刑，并处罚金。也就是说逃税罪最高可以判7年，所以罪不至死。而且还有一款，不仅罪不至死，还有放你一马的机会：有第一款行为，经税务机关依法下达追缴通知后，补缴应纳税款，缴纳滞纳金，已受行政处罚的，不予追究刑事责任。

五年内因逃避缴纳税款受过刑事处罚或者被税务机关给予二次以上行政处罚的除外。也就是初犯不办，5年之内累犯、再犯，追究刑事责任了。

对于“程序员之死”这个案件，虽然我们并不了解太多的内情，但是通过对法条的分析，我们知道“逃税罪”并不是重罪，而且还有初犯不办的这种特殊规定。所以咱们说，这个程序员如果他当初自觉守法了、遇事找法了、解决问题靠法了，那么悲剧可能就不会发生了。所以，这也进一步的警示我们，在学习专业知识的同时，也要提高自己的法治意识，要尊法、守法、学法、用法，遇事找法，解决问题靠法，避免类似的悲剧再次发生。

小结：

法律是治国之重器，尊法学法守法用法是法治的必然要求。尊法学法守法用法，必须养成良好的法治思维和行为方式，将对法治的尊崇内化于心，将模范遵守法律外化为行，提高法治素养，成为法治中国建设的中坚力量。

思考讨论：

当代大学生的成长成才，除了具备科学文化素质，还应具备哪些素养?